华东师范大学出版社

多媒体设计与制作

职业教育计算机应用专业教学用书

主编　郑燕琦

第一章　Photoshop 设计与制作

任务一　环绕中的相框

任务简介

制作被环绕的相框,如图 1-1-1 所示。

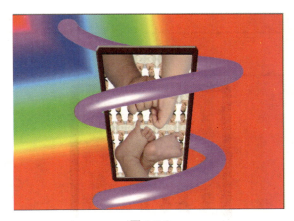

图 1-1-1

任务准备

使用渐变色制作彩色背景,利用素材合成照片,最后将相框套进环中。

任务详解

1. 制作相框

(1)打开素材"baby. jpg",使用魔棒工具将天空背景选中,并将选区羽化 2 个像素,解锁背景图层后,删除选区内内容。

(2)通过自由变换将素材缩小,并复制图层,水平翻转后移至适当位置并合并图层,然后再次复制图层,垂直翻转后再次拼合,合并图层后通过自由变换缩小并进行裁切,效果如图 1-1-2 所示。

(3)执行"编辑/定义图案"命令。

(4)新建一个像素为 640×480,分辨率为 72 的 RGB 图像。

(5)使用矩形选框工具绘制相框范围,如图 1-1-3 所示。

(6)新建一个图层,向选区内填充白色。

(7)再新建一个图层,向选区内填充刚才定义的 baby 图案。

(8)使用褐色为选区进行居外描边,大小为 20 个像素,如图 1-1-4 所示。

图 1-1-2

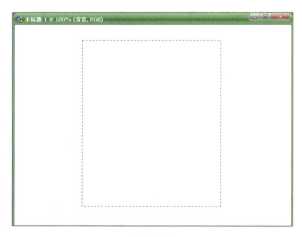

图 1-1-3

图 1-1-4

（9）打开素材"foot.jpg"，并使用魔棒工具将天空背景选中，并将选区羽化 2 个像素。解锁背景图层后，删除选区内内容，并复制到相框内，调整大小。然后对素材"hand.jpg"进行相同操作，如图 1-1-5 所示。

图 1-1-5

图 1-1-6

（10）为边框层添加浮雕效果（内斜面），调整深度和大小，如图 1-1-6 所示。

（11）合并除背景层外的所有图层。

2. 套入环中

（1）打开素材"环.jpg"，并移至相框图中，调整相框的形状及大小，如图 1-1-7 所示。

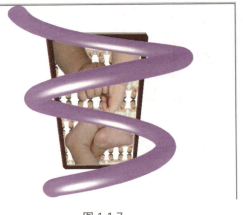

图 1-1-7

图 1-1-8

（2）选中相框，如图 1-1-8 所示。

（3）使用从选区中减去的矩形选框工具，将遮盖在相框前的环部分的选区去掉，如图 1-1-9 所示。

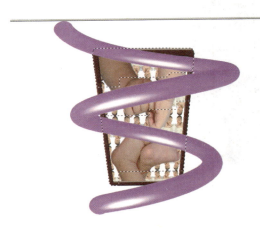

图 1-1-9

图 1-1-10

（4）选中环的图层，按 Delete 键完成删除，合并除背景外的图层，如图 1-1-10 所示。

（5）制作渐变色作为背景，如图 1-1-11 所示。

（6）保存作品。

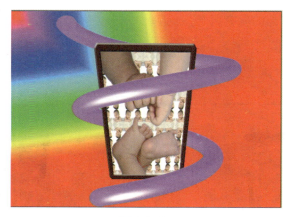

图 1-1-11

实训练习

制作出人套在环圈之间的效果,效果如图 1-1-12 所示。

图 1-1-12

任务二　制作木刻花

任务简介

制作木刻花,如图 1-2-1 所示。

图 1-2-1

任务准备

使用滤镜制作木纹背景,然后将素材图案叠加到背景中。

任务详解

1. 制作木纹背景

(1) 创建新文档,如图 1-2-2 所示。

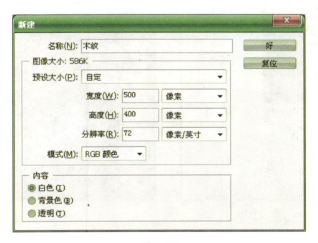

图 1-2-2

(2) 在色板中,将前景色设置为淡暖褐,背景色设置为深黑暖褐。

(3) 执行"滤镜/渲染/云彩"命令,效果如图 1-2-3 所示。

(4) 执行"滤镜/杂色/添加杂色"命令,参数设置如图 1-2-4 所示。

(5) 执行"滤镜/模糊/动感模糊"命令,参数设置如图 1-2-5 所示。

图 1-2-3

图 1-2-4

图 1-2-5

图 1-2-6

（6）使用矩形选框工具制作横向长方形，执行"滤镜/扭曲/旋转扭曲"命令调整木纹的纹理，再用模糊工具进行修饰，如图 1-2-6 所示。

2. 制作木刻花

（1）打开素材"花.jpg"，将其移动到木纹文件中，如图 1-2-7 所示。

（2）新建一个 Alpha 通道，全选花朵图层并复制，粘贴到 Alpha 通道内，如图 1-2-8 所示。

（3）执行"滤镜/风格化/照亮边缘"命令，参数设置如图 1-2-9 所示。

图 1-2-7

图 1-2-8

图 1-2-9

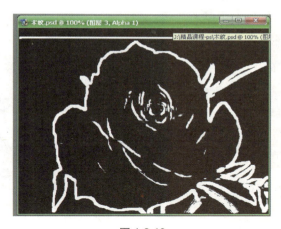

图 1-2-10

（4）执行"图像/调整/曲线"命令,将图中暗调和部分中间调的像素变成黑色,再将部分中间调的像素变成白色,如图 1-2-10 所示。

（5）使用橡皮擦工具做进一步的修改调整,如图 1-2-11 所示。

（6）载入 Alpha 通道的选区,回到图层面板,选中木纹图层,复制并粘贴,如图 1-2-12 所示。

（7）添加浮雕效果,如图 1-2-13 所示。

（8）合并图层,执行"滤镜/渲染/光照效果",制作完成,保存作品。

图 1-2-11

图 1-2-12

图 1-2-13

实训练习

制作纪念币,效果如图 1-2-14 所示。

图 1-2-14

任务三　制作水样文字

任务简介

制作水样文字,如图 1-3-1 所示。

任务准备

使用滤镜制作带有颗粒的背景,然后将文字和水滴叠加到背景中。

图 1-3-1

任务详解

1. 制作背景

（1）首先新建一个像素为 640×480,分辨率为 72 的 RGB 图像。

（2）执行"滤镜/杂色/添加杂色"命令,设置数量为 100%,高斯分布,单色。

（3）紧接着再执行"滤镜/画笔描边/成角的线条"命令,参数设置如图 1-3-2 所示。

图 1-3-2

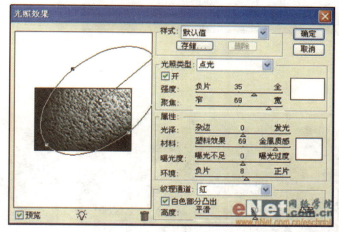

图 1-3-3

（4）执行"滤镜/渲染/光照效果"命令,调整光照区域,将纹理通道项设置为红,其他内容保持默认设置不变即可,如图 1-3-3 所示。

（5）执行"编辑/渐隐"命令,将不透明度调整为 30%,其他不变,效果如图 1-3-4 所示。

（6）将背景图层复制一层,然后将背景图层填充深蓝色。

图 1-3-4

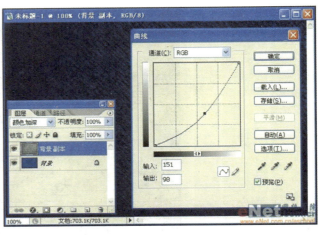

图 1-3-5

图 1-3-6

（7）将背景副本图层的图层混合模式更改为颜色加深，这样就可以透过背景副本图层看到背景图层了。

（8）选中背景副本图层进行操作，按下Ctrl＋M键，打开曲线调板，将整体明度调低一些，如图 1-3-5 所示。

（9）选中背景图层，执行"滤镜/渲染/光照效果"，将光照的范围调整到合适位置，其余设置与第四步中的光照效果设置相同，效果如图 1-3-6 所示。

2. 制作水质感文字

（1）使用文字输入工具输入文字，并将文字设置为黑色，如图 1-3-7 所示。

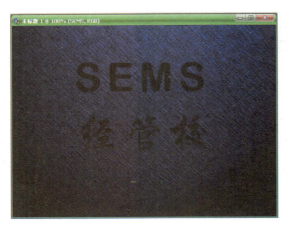

图 1-3-7

图 1-3-8

（2）在文字图层下方建立图层。执行"滤镜/渲染/云彩"命令，如果效果不合适可以按Ctrl＋F键反复执行云彩滤镜，直到满意为止，如图1-3-8所示。

（3）对云彩层执行"滤镜/素描/图章"命令，将明/暗平衡设置为24，平滑度设置为40，效果如图1-3-9所示。

图 1-3-9

图 1-3-10

（4）接下来选择文字图层，执行"滤镜/模糊/高斯模糊"命令，将模糊半径设置为5像素。

（5）按 Ctrl＋E 键，将文字图层与图层1合并为一个图层，然后执行"图像/调整/阈值"命令，将文字的边缘处理清晰，效果如图1-3-10所示。

（6）使用魔棒工具选取白色部分，然后按下 Delete 键将其删除，留下黑色的部分。

（7）再次执行"滤镜/模糊/高斯模糊"命令，将模糊半径设置为1像素，使文字显得更加柔和。

（8）接着将图层1的填充度设置为0%，这样就在画布中就看不到图层1中的内容了。

（9）双击图层1，打开图层样式的设置界面，添加"斜面和浮雕"样式，参数设置如图1-3-11所示。

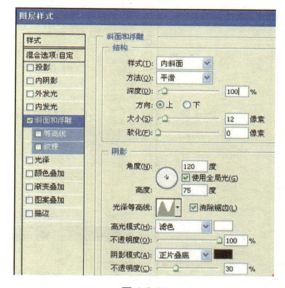

图 1-3-11

（10）接下来添加"内发光"样式，将颜色设置为浅蓝，大小设置为30像素，如图1-3-12所示。

（11）继续添加"描边"样式，大小为3像素，混合模式为柔光，颜色设置为更深一些的蓝色，如图1-3-13所示。

（12）添加"内阴影"样式，参数设置如图1-3-14所示。

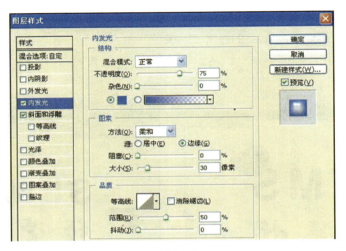

图 1-3-12

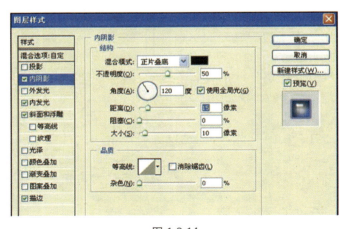

图 1-3-13

图 1-3-14

（13）然后添加"投影"样式，参数设置如图 1-3-15 所示。

（14）最后，为了使效果更鲜明，可以将"斜面与浮雕"下的"等高线"进行调整，如图 1-3-16 所示。

（15）制作完毕，保存作品。

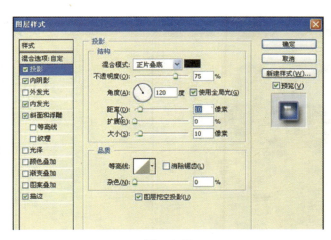

图 1-3-15

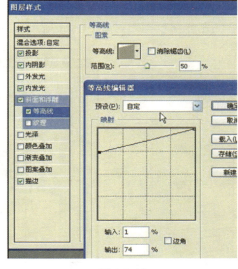

图 1-3-16

实训练习

利用素材制作出立体字和图案发光的效果，效果如图 1-3-17 所示。

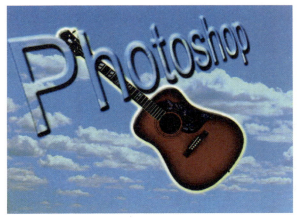

图 1-3-17

任务四　我爱我校

任务简介

制作学校标志，如图 1-4-1 所示。

图 1-4-1

任务准备

用中文做成心形，环绕在刺状英文的周围。

任务详解

1. 制作刺猬字

（1）首先新建一个像素为 640×480，分辨率为 72，白色背景的 RGB 图像。

（2）使用横排文字蒙版工具输入文字，并转换成路径，如图 1-4-2 所示。

（3）新建 Alpha 1 通道，在通道中使用混合画笔工具中的交叉排线 1 对路径描边进行，效果如图 1-4-3 所示。

（4）调整对比度，使白色更亮，如图 1-4-4 所示。

（5）将路径转换成选区，删除选区内的内容，如图 1-4-5 所示。

（6）在通道面板载入选区，在图层面板新建图层并在选区内填充渐变色，添加浮雕及投影效果，如图 1-4-6 所示。

图 1-4-2

图 1-4-3

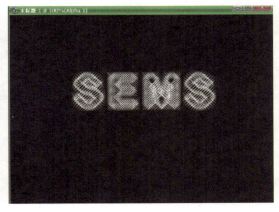

图 1-4-4

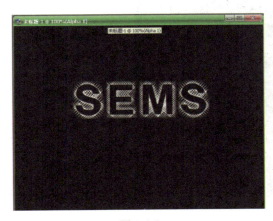

图 1-4-5

图 1-4-6

2．制作心形

（1）使用自定义形状工具在文字外围绘制心形，并使用路径选择工具、直接选择工具和钢笔工具调整路径形状及大小，如图 1-4-7 所示。

（2）新建透明背景文件，使用文字工具制作黑色文字"经管"，调整好大小后将其定义为画笔，如图 1-4-8 所示。

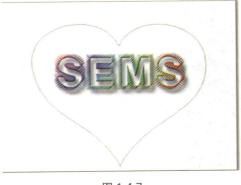

图 1-4-7

图 1-4-8

（3）调整画笔间距，使文字不重叠，如图 1-4-9 所示。

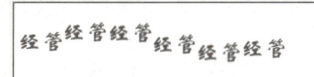

图 1-4-9

（4）新建 Alpha 2 通道，在通道中使用新定义的画笔进行描边路径，如图 1-4-10 所示。

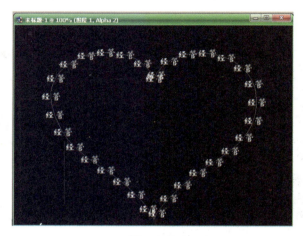

图 1-4-10

（5）在通道面板载入选区，在图层面板新建图层并在选区内填充渐变色，添加浮雕及投影效果。

实训练习

（1）用自己的学号制作艺术文字，效果如图 1-4-11 所示。
（2）制作牙膏字，效果如图 1-4-12 所示。

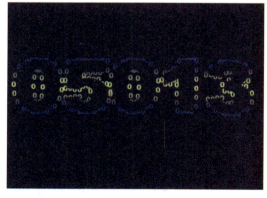

图 1-4-11

图 1-4-12

第二章　Illustrator 设计与制作

任务一　网络图标设计

任务简介

为学校网站绘制网络图标，如图 2-1-1 所示。

图 2-1-1

任务准备

使用钢笔工具、椭圆工具、矩形工具、直接选择工具、透明度设置、文字工具来完成本任务。

任务详解

（1）新建一个文档，使用钢笔工具绘制 S 图案，填充线性渐变色，从（C ＝ 60　M ＝ 10　Y ＝ 5　K ＝ 0）到（C ＝ 85　M ＝ 50　Y ＝ 0　K ＝ 0），描边色为（C ＝ 85　M ＝ 50　Y ＝ 0　K ＝ 0），描边粗细为 2 pt。绘制阴影部分，填充颜色（C ＝ 96　M ＝ 79　Y ＝ 1　K ＝ 0），无描边色，并设置羽化半径为 2 mm，对其进行排列，如图 2-1-2、2-1-3 所示。

（2）使用钢笔工具绘制 em 图案，参照上一步中的颜色进行填充，调整大小后，对其进行排列，如图 2-1-4 所示。

图 2-1-2

图 2-1-3

图 2-1-4

（3）使用椭圆工具和路径查找器面板中的与形状区域相减命令，绘制圆环，填充线性渐变色，从（C＝70　M＝32　Y＝7　K＝0）到（C＝89　M＝62　Y＝16　K＝0），无描边色。使用椭圆工具绘制一个圆形，填充颜色（C＝14　M＝12　Y＝2　K＝0），无描边色，对其进行排列，如图 2-1-5、2-1-6 所示。

图 2-1-5

图 2-1-6

（4）对上一步中绘制的圆环进行复制，修改填充的线性渐变色，从（C＝60　M＝10　Y＝5　K＝0）到（C＝85　M＝50　Y＝0　K＝0），无描边色。使用钢笔工具绘制放大镜上的高光部分，设置填充色为白色，无描边色，设置不透明度为 20％。调整大小后，对其进行排列，如图 2-1-7、2-1-8 所示。

图 2-1-7

图 2-1-8

图 2-1-9

（5）使用钢笔工具绘制放大镜的把手，分别填充线性渐变色，0％（C＝37　M＝30　Y＝22　K＝0）、50％（C＝9　M＝7　Y＝6　K＝0）、100％（C＝37　M＝30　Y＝22　K＝0）和 0％（C＝60　M＝82　Y＝84　K＝42）、50％（C＝28　M＝30　Y＝28　K＝0）、100％（C＝60　M＝82　Y＝84　K＝42），无描边色。调整大小后，与镜片进行排列，如图 2-1-9 所示。

（6）使用钢笔工具绘制放大镜把手上的高光，设置填充色为白色，无描边色，设置不透明度为 20％。调整放大镜的大小后，将其与前面绘制的图案进行排列，网络图标绘制完成，如图 2-1-10、2-1-11 所示。

图 2-1-10

图 2-1-11

（7）对绘制完成的网络图标进行复制，使用文字工具输入文字。选择钢笔工具绘制图案作为标志的投影。

（8）保存作品。

任务二　手机界面图标设计

任务简介

绘制手机桌面，如图 2-2-1 所示。

图 2-2-1

任务准备

使用圆角矩形工具、钢笔工具、矩形工具、直接选择工具、椭圆工具、文字工具来完成本任务。

任务详解

（1）新建一个文档，使用圆角矩形工具绘制两个矩形，分别填充颜色（C＝87　M＝55　Y＝25　K＝0）和从（C＝44　M＝0　Y＝6　K＝0）到（C＝72　M＝15　Y＝12　K＝0）的线性渐变色，无描边色，调整大小后，对其进行排列，如图 2-2-2、2-2-3 所示。

（2）使用钢笔工具绘制图形，设置填充色为白色，无描边色，不透明度为 43%。绘制信封上的缝隙，填充颜色（C＝72　M＝15　Y＝12　K＝0），无描边色。使用同样的方法绘制信封上的边缘，如图 2-2-4、2-2-5 所示。

图 2-2-2 图 2-2-3

图 2-2-4 图 2-2-5

（3）使用钢笔工具绘制信封上的高光，设置填充色为白色，无描边色，不透明度为 36%。绘制两个箭头，填充线性渐变色，0%（C＝0　M＝45　Y＝87　K＝0）、50%（C＝4　M＝20　Y＝78　K＝0）、100%（C＝0　M＝46　Y＝86　K＝0），无描边色，对其进行排列，图标 1 绘制完成，如图 2-2-6、2-2-7 所示。

图 2-2-6 图 2-2-7

（4）使用矩形工具绘制一个矩形，填充颜色（C＝5　M＝19　Y＝87　K＝0），无描边色。绘制另一个矩形，填充颜色（C＝12　M＝9　Y＝9　K＝0），无描边色。绘制图案，设置填充色为白色，无描边色，调整大小后，对其进行排列，如图 2-2-8～2-2-10 所示。

图 2-2-8 图 2-2-9 图 2-2-10

（5）使用钢笔工具绘制回形针外形，填充颜色（C＝70　M＝25　Y＝0　K＝0），无描边色。绘制回形针上的高光，设置填充色为白色，无描边色，不透明度为 60%。调整大小后，对其进行排列，图标 2 绘制完成，如图 2-2-11、2-2-12 所示。

图 2-2-11

图 2-2-12

（6）使用钢笔工具绘制手机卡上的外形，填充线性渐变色，从 50％的黑色到 100％的黑色，无描边色。对其进行复制，修改填充的线性渐变色，0％为白色，50％为 6％的黑色，100％为 50％的黑色，无描边色。调整大小后，对其进行排列，如图 2-2-13、2-2-14 所示。

图 2-2-13

图 2-2-14

（7）使用矩形工具绘制一个矩形，填充线性渐变色，从（C＝4　M＝2　Y＝63　K＝0）到（C＝5　M＝20　Y＝90　K＝0），无描边色。使用直线段工具绘制修饰，无填充色，描边色为（C＝40　M＝70　Y＝100　K＝50），描边粗细为 0.5 pt。调整大小后，对其进行排列，图标 3 绘制完成，如图 2-2-15、2-2-16 所示。

图 2-2-15

图 2-2-16

（8）使用钢笔工具绘制图形，填充线性渐变色，从（C＝3　M＝31　Y＝90　K＝0）到（C＝5　M＝18　Y＝87　K＝0），无描边色。绘制图形的立体面，填充线性渐变色，从（C＝13　M＝55　Y＝96　K＝0）到（C＝5　M＝18　Y＝88　K＝0），无描边色。调整大小后，对其进行排列，如图 2-2-17、2-2-18 所示。

图 2-2-17

图 2-2-18

（9）使用椭圆工具绘制眼睛，设置填充色为黑色，无描边色。使用钢笔工具绘制高光，设置填充色为白色，无描边色，设置不透明度为 44％，对其进行排列，如图 2-2-19、2-2-20 所示。

图 2-2-19

图 2-2-20

　　（10）使用钢笔工具绘制对话框，填充线性渐变色，从（C＝29　M＝23　Y＝16　K＝0）到（C＝11　M＝9　Y＝6　K＝0），无描边色。绘制对话框的高光，设置填充色为白色，无描边色，不透明度为 25％。调整大小后，对其进行排列，如图 2-2-21、2-2-22 所示。

图 2-2-21

图 2-2-22

　　（11）使用钢笔工具绘制一个心形，填充颜色（C＝0　M＝82　Y＝94　K＝0），无描边色。绘制对话框上的高光，设置填充色为白色，无描边色，不透明度为 37％。调整大小后，对其进行排列，图标 4 绘制完成，如图 2-2-23、2-2-24 所示。

图 2-2-23

图 2-2-24

　　（12）依照相同的绘制和填色方法，绘制其余的图标造型，如图 2-2-25 所示。

图 2-2-25

（13）对绘制完成的图标造型进行排列，使用钢笔工具和矩形工具绘制手机界面的背景图案，使用文字工具输入文字，对其进行排列。

（14）保存作品。

任务三　播放器设计

任务简介

绘制红色心形播放器，如图 2-3-1 所示。

图 2-3-1

任务准备

使用圆角矩形工具、钢笔工具、矩形工具、直接选择工具、椭圆工具、文字工具、混合工具、渐变面板来完成本任务。

任务详解

（1）新建一个文档，使用钢笔工具绘制两个图形，分别填充颜色（C＝0　M＝90　Y＝85　K＝23）和（C＝0　M＝90　Y＝85　K＝0），无描边色。在"混合选项"对话框中进行参数设置，如图 2-3-2～2-3-4 所示。

（2）使用钢笔工具绘制圆形，填充线性渐变色，从（C＝0　M＝50　Y＝50　K＝0）到（C＝17　M＝100　Y＝98　K＝30），无描边色，调整大小后，对其进行排列。

（3）在圆形中间再绘制一个略小的图形，为其填充线性渐变色，0%（C＝27　M＝8　Y＝0　K＝0）、30%（C＝30　M＝0　Y＝9　K＝0）、50%（C＝0　M＝0　Y＝27　K＝0）、53%（C＝0　M＝15　Y＝26　K＝0）、75%（C＝0　M＝11　Y＝22　K＝0）、100%（C＝17　M＝0　Y＝31　K＝0）。设置描边色为无，对其进行排列，如图 2-3-5、2-3-6 所示。

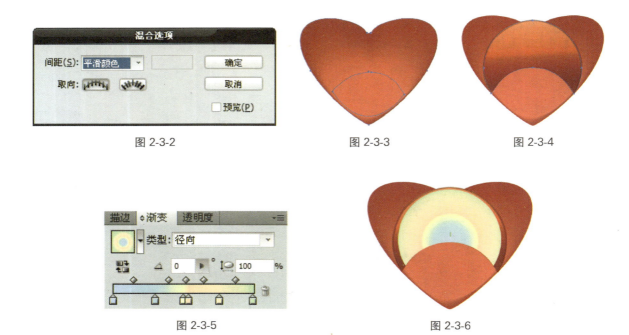

图 2-3-2 　　　　　　　　　　 图 2-3-3 　　　　　　　　 图 2-3-4

图 2-3-5 　　　　　　　　　　　　　　　　 图 2-3-6

（4）使用钢笔工具绘制播放器上的高光，分别填充白色、（C＝15　M＝100　Y＝90　K＝10）和（C＝0　M＝30　Y＝70　K＝0），无描边色。分别对其进行羽化处理，如图 2-3-7 所示。

图 2-3-7 　　　　　　　　　　　　　　　　 图 2-3-8

（5）使用椭圆工具绘制两个圆形，分别填充颜色（C＝15　M＝100　Y＝90　K＝10）和 0%（C＝10　M＝100　Y＝65　K＝24）、50%（C＝6　M＝80　Y＝73　K＝0）、100%（C＝0　M＝11　Y＝15　K＝0）的线性渐变色，无描边色，对其进行排列，如图 2-3-8 所示。

（6）使用钢笔工具绘制一个三角形，设置填充色为白色，无描边色。绘制按钮上的阴影，填充颜色（C＝0　M＝90　Y＝85　K＝0），无描边色，不透明度为 37%，调整其大小后，对其进行排列，如图 2-3-9、2-3-10 所示。

图 2-3-9

图 2-3-10

（7）使用椭圆工具绘制按钮上的光点，设置填充色为白色，无描边色，并进行羽化处理。使用钢笔工具绘制按钮上的高光，填充线性渐变色，从白色到（C＝5 M＝70 Y＝90 K＝0），无描边色，调整大小后，对其进行排列，如图 2-3-11 所示。

图 2-3-11

图 2-3-12

（8）依照前面的方法，绘制其余的按钮造型。调整各个按钮的大小后，对其进行排列，如图 2-3-12 所示。

（9）使用钢笔工具绘制按钮周围的阴影，填充颜色（C＝0　M＝90　Y＝85　K＝3），无描边色，为其添加半径为 5 像素的高斯模糊，设置羽化半径为 3 mm，如图 2-3-13 所示。

图 2-3-13

图 2-3-14

（10）使用矩形工具绘制音乐起伏符号，分别填充颜色（C＝6　M＝80　Y＝73　K＝0）、（C＝0　M＝90　Y＝85　K＝23）、（C＝51　M＝100　Y＝93　K＝30）和（C＝15　M＝100　Y＝90　K＝10），无描边色，如图 2-3-14 所示。

（11）使用钢笔工具绘制音量滑块，填充颜色（C＝0　M＝99　Y＝99　K＝64），无描边色。绘制音量滑块的修饰，并填充径向渐变色。设置描边色为无，对其进行排列，如图 2-3-15、2-3-16 所示。

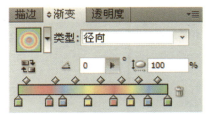

图 2-3-15

图 2-3-16

（12）使用钢笔工具绘制播放器上的标识符号。填充颜色（C＝30　M＝0　Y＝10　K＝0），无描边色，如图 2-3-17 所示。

图 2-3-17

图 2-3-18

（13）使用钢笔工具绘制高光，设置填充色为白色，无描边色，不透明度为 46％。使用文字工具输入所需的文字信息，填充线性渐变，0％（C＝10　M＝100　Y＝65　K＝24）、50％（C＝6　M＝80　Y＝73　K＝0）、100％（C＝0　M＝11　Y＝15　K＝0），无描边色，如图 2-3-18 所示。

（14）使用圆角矩形工具绘制一个圆角矩形，并填充径向渐变色，0％（C＝27　M＝8　Y＝0　K＝0）、30％（C＝30　M＝0　Y＝9　K＝0）、50％（C＝0　M＝0　Y＝27　K＝0）、53％（C＝0　M＝15　Y＝26　K＝0）、75％（C＝0　M＝11　Y＝22　K＝0）、100％（C＝17　M＝0　Y＝31　K＝0）。设置描边色为无，如图 2-3-19、2-3-20 所示。

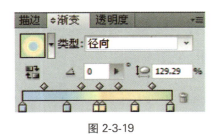
图 2-3-19

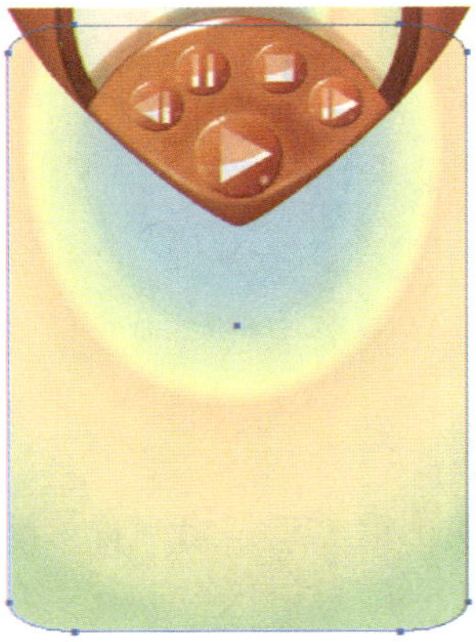

图 2-3-20

（15）使用文字工具输入文字，设置字体为华文细黑，分别填充颜色（C＝85　M＝10　Y＝100　K＝10）和（C＝0　M＝100　Y＝0　K＝0），无描边色。使用直线段工具绘制线段，无填充色，描边色为（C＝85　M＝10　Y＝100　K＝10），描边粗细为 1 pt，如图 2-3-21、2-3-22 所示。

（16）使用圆角矩形工具绘制播放列表滑块，分别填充颜色（C＝0　M＝30　Y＝70　K＝0）和（C＝15　M＝100　Y＝90　K＝10），描边色均为（C＝15　M＝100　Y＝90　K＝10），描边粗细为 1 pt，调整大小后，对其进行排列，如图 2-3-23、2-3-24 所示。

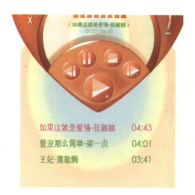

图 2-3-21

图 2-3-22

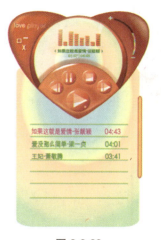

图 2-3-23

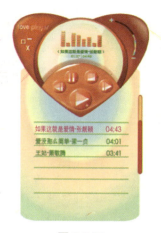

图 2-3-24

（17）依照前面的方法绘制心形。复制心形，调整各个心形的大小和角度，并对其进行排列，如图 2-3-25 所示。

图 2-3-25

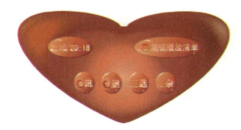

图 2-3-26

（18）绘制播放器的下半部分。调整大小后，对其进行排列，如图 2-3-26 所示。

（19）参照前面绘制按钮的方法，使用椭圆工具、钢笔工具和文字工具绘制按钮的造型。将其置于播放器的左侧，如图 2-3-27 所示。

图 2-3-27

（20）绘制播放器的投影，调整播放器的大小，使用文字工具输入所需的文字信息。

（21）保存作品。

第三章　GoldWave 音频编辑

任务一　转录音乐

任务简介

　　GoldWave 是一个功能强大的音乐编辑软件。本任务我们将介绍其中的录音、裁剪、更改音量等功能。

　　GoldWave 录音原理：这个软件能将电脑中的声音录制下来，即把电脑扬声器发出来的声音实时录下来，所以录音时一定要注意不能有杂音出现，如：QQ 的提醒声、电脑的警告声。录音时最好不要有其他的操作，否则录下来的音乐也会有杂音。

任务准备

　　从视频网站上下载的歌曲格式往往是 flv 的视频格式，并不是常见的音乐格式。由于很少有软件能从视频中提取音乐，现讲解如何使用 GoldWave 将视频中的音乐录制下来。

● GoldWave 软件；

● flv 格式素材；

● 音乐播放器。

任务详解

　　（1）打开 GoldWave，如图 3-1-1 所示。

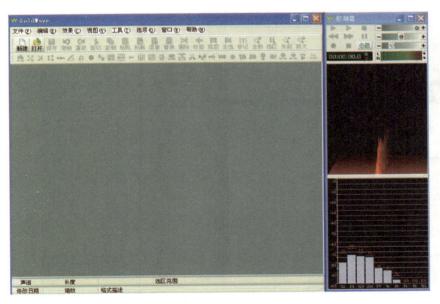

图 3-1-1

（2）打开下载的视频文件，暂不播放（先确保此时电脑中没有发出任何声音，避免有杂音），可以看到这个文件有 3 分 49 秒，如图 3-1-2 所示。

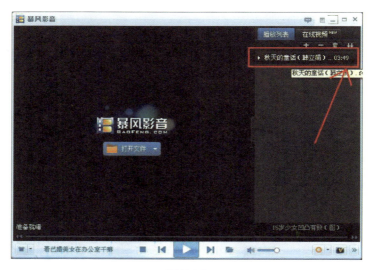

图 3-1-2

（3）GoldWave 的默认设置是不能录电脑里的声音的，我们要先来设置一下。执行"选项/控制器属性"命令，如图 3-1-3 所示。

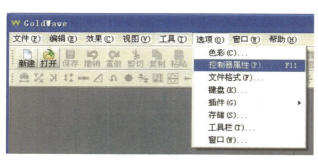

图 3-1-3   图 3-1-4

（4）打开控制器属性后，选择"音量"项，勾选立体声混音，如图 3-1-4 所示。

（5）单击"新建"按钮，新建一个空白音乐文件。由于我们所要录制文件有 3 分 49 秒，所以我们在新建的音乐文件长度上选接近的 5 分钟，多余的可以在后期删除，如图 3-1-5 所示。

（6）打开 GoldWave 的另一个窗口"控制器"，按下红色的录音按钮，GoldWave 就开始录音了，如图 3-1-6 所示。

（7）切换回视频播放软件界面，播放音乐，这下扬声器里就开始放出音乐了。同时我们也看到 GoldWave 主窗口里面开始出现波形，控制器窗口里的火焰和柱状条都开始跳跃。5 分钟后自动停止录音，如图 3-1-7 所示。

图 3-1-5　　　　　　　　　　　　　　　　　图 3-1-6

图 3-1-7

（8）录音完后我们得到如图 3-1-8 所示的波形：由于音乐的前后都有多余的部分，下一步我们进行裁剪。

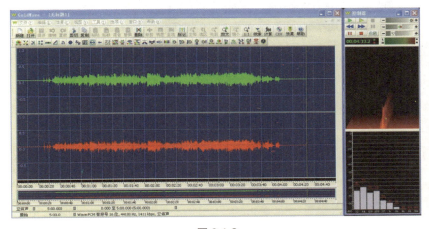

图 3-1-8

（9）先删除前端部分，将鼠标移到下方编辑区，然后滚动鼠标滚轮就可以将音乐的前端放大，如图 3-1-9 所示。

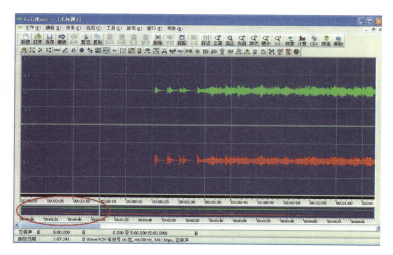

图 3-1-9

（10）在音乐前端没有声音的部分选取一段，得到下图的蓝色部分（蓝色表示选区），如图 3-1-10 所示。

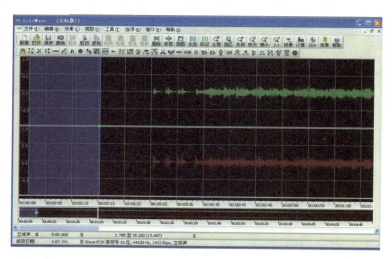

图 3-1-10

（11）将蓝色区域的前面那条分界线拉到音乐的开头，如图 3-1-11 所示。

小提示

蓝色区域后面那条分界线不要刚刚好拉到音乐的开始部分，最好拉到音乐开始的前两三秒，让音乐在播放前有几秒缓冲时间。

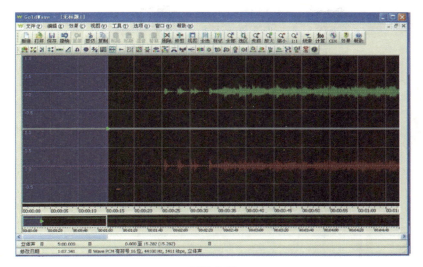

图 3-1-11

（12）点击上方"删除"按钮将这段选区删除，如图 3-1-12 所示。

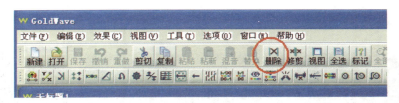

图 3-1-12

（13）用同样的方法将音乐尾部多余的部分删除，如图 3-1-13 所示。

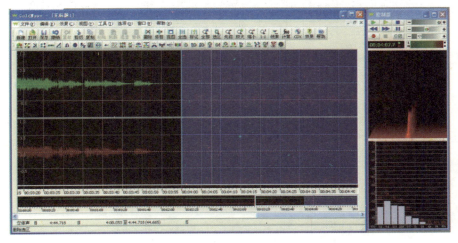

图 3-1-13

（14）音乐的声音有点小，下面我们要更改音量，点击如图 3-1-14 所示按钮。

图 3-1-14

（15）弹出更改音量框后，将滑动块向右移动，大概放大 300％，然后点击"确定"，如图 3-1-15 所示。放大后的音乐波形如图 3-1-16 所示。

图 3-1-15

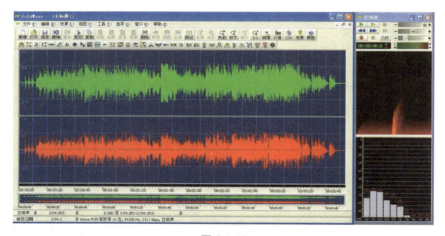

图 3-1-16

（16）保存音乐，输入文件名，文件类型选 MP3，然后保存。
（17）弹出如图 3-1-17 所示的处理框，制作结束。

图 3-1-17

在 Goldwave 中导入素材"大话西游之经典对白.flv",使用本任务的方法,将素材中的声音部分进行提取转录,最后保存为 mp3 格式。

任务二　翻唱录音

任务简介

大家一定都很想录制一首属于自己的歌吧!所以今天,为大家讲解使用 GoldWave 录出你最美妙声音的方法!

任务准备

- 话筒;
- 扬声器;
- GoldWave 软件;
- WAV 格式的歌曲。

任务详解

(1) 打开 GoldWave,打开素材歌曲"蓝精灵.avi",这时主区域会显示这首歌的波形图。

(2) 现在要去掉原有的人声。在需要去除的人声波形图开始处点鼠标左键,在结尾处点鼠标右键。做完选择后,执行"效果/立体声"命令,点选"去掉人声"即可,如图 3-2-1 所示。

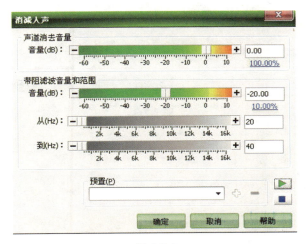

图 3-2-1

(3) 消减人声后的前后效果对比如图 3-2-2 所示。

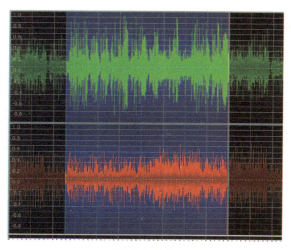 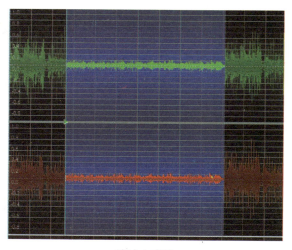

消减人声前　　　　　　　　　　　　　消减人声后

图 3-2-2

（4）执行"选项/控制器属性"命令，参数设置如图 3-2-3 所示。

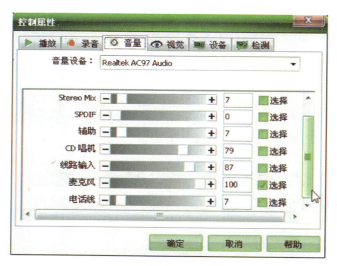

图 3-2-3

（5）新建空白音乐文件，长度根据需要自己选择。

（6）使用话筒，单击"录音"，开始翻唱。

（7）保存自己的歌声，格式为 wav。

小提示

录制过程中请时刻关注设备控制窗口下的两个声波图，千万不能让自己的声音过响，如果声波图撑满整个格子的话，就表示你的声音太响了，会出现爆音。

（8）选出翻唱音频中要合成的段落，用鼠标左、右键框定，点击工具栏里的"COPY（复制）"，在背景音乐文件里选好开始处，用鼠标左键做出记号，点击工具栏里的"MIX（合成）"。如果音量不够或过响的话，可以再做微调。

（9）播放效果，如果觉得声音没有完全合上的话，可重新合成。

（10）保存文件，然后将其改制成 MP3、WMA 等小格式的曲子。

实训练习

使用本任务的方法，为素材"大话西游片头曲"配上属于你自己的经典对白。

任务三　特效处理

任务简介

有时你是不是会觉得自己的声音不够有魅力呢？怎样将自己不满意的声音处理得又酷又炫，让朋友们羡慕不已？GoldWave 帮我们很好地解决了这个问题，只要巧妙地使用声音特效，就可以制作出你想要的效果哦！

任务准备

● GoldWave 软件；
● 歌曲；
● 音响。

任务详解

1. 添加回声

（1）执行"效果/回声"命令，弹出回声面板，如图 3-3-1 所示。

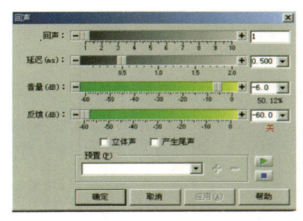

图 3-3-1

　　面板第一行设置回音的次数,即你想让产生几次回音。第二行是设置延迟时间,单位是秒。就是设置回音与主音或两次回音之间的间隔。第三行音量是指回音的衰减量,以分贝为单位。第四行反馈是指回音对主音的影响,-60 db 即为关闭,就是对主音没有影响。选中"立体声"选项可产生双声道回音效果,选中"产生尾音"可让回音尾部延长。但注意你的声音后面要有足够的空白时间以适应尾音的延长,如果结束处没有空白时间,可插入静音时间。

　　(2) 以上各项选择什么值合适,可通过多次试验决定。试一次听听效果,如果不合适就从编辑菜单下选择"撤消回音",然后再做。如果回音的衰减量选择为 0 db(就是不衰减),可以得到二重唱的效果。

2. 声音镶边

　　(1) 执行"效果/镶边"命令,弹出镶边面板,如图 3-3-2 所示。

图 3-3-2

　　(2) 给声音的波形上镶个边可改变音色,镶正弦波形状的边会使声音变得圆滑,镶三角波的边可使声音变得尖锐。应根据需要先选中下部的正弦波或三角波调节器。

　　第一行音源可以设置音源音量的大小。如果镶边幅度不大,这一项可以不变。如果镶边幅度较大,为保持总音量不变可把音量降低一些。第二行选择镶边幅度,第三行选择镶边对原音波的影响程序,这两项可试听后选择合适的值。下半部框中的可变延迟可改变镶边波与原声波的时间差,以毫秒为单位。频率项选择镶边波形的变化频率,如果选择为 0,则镶边波形沿声源波形的边沿延伸,没有周期变化。

（3）如果感觉镶边对音色影响不大，可以只对一个声道作镶边处理，然后用立体声耳机听即可对比两声道的不同。

3. 混响

（1）执行"效果/混响"命令，弹出混响面板，如图 3-3-3 所示。

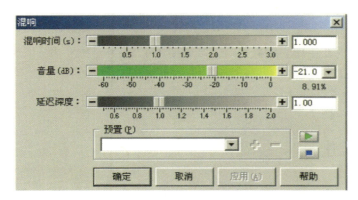

图 3-3-3

> **小提示**
>
> 　　第一项选择混响时间是指混响逐渐衰减过程持续的时间，以秒为单位，一般在 1～2 秒间选择。第二项是混响音量，以分贝为单位，注意这是比例值，就是说 0 分贝为音源值，一般在 −30 db～−10 db 之间选择。第三项延迟深度项可调节延迟余音的大小，其中的数值是与混响音量的比例，其值为 1 时就是以混响音量为标准。

（2）根据自己想要的结果，进行参数的调整与设置，直到满意为止。

4. 均衡器

（1）执行"效果/均衡器"命令，弹出均衡器面板，如图 3-3-4 所示。

（2）从图中可以看到，在各个竖条上的滑块开始都在 0 db 位置，这个分贝值也是相对值，0 分贝表示不变，如果需要把某段频率音域提升就将相应滑块向上拖，反之就向下拖。

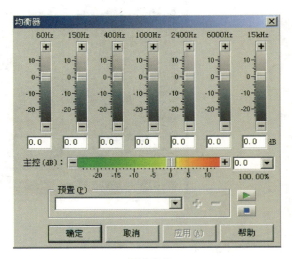

图 3-3-4

实训练习

将本章任务二后面的实训练习结果打开（自己对大话西游经典对白的演绎），运用本任务的方法，对音频进行特效处理。

任务四　手机铃声制作

任务简介

你是不是觉得现在使用的手机铃声太多人使用了，正心动想要更换？别急，今天我们就自己动手来做一段手机铃声吧！

任务准备

- GoldWave 软件；
- 歌曲；
- 播放软件。

任务详解

（1）打开 GoldWave。

（2）导入素材"滴答.MP3"。

（3）单击播放键进行试听。

（4）使用截取线来框选需要的范围，如图 3-4-1 所示。

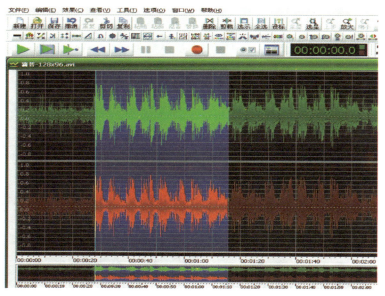

图 3-4-1

（5）如果要精确截取某一段音乐，在控制面板播放音乐后，单击"暂停"按钮暂停音乐，然后执行"编辑/标记/放置开始标记"命令，如图 3-4-2 所示。

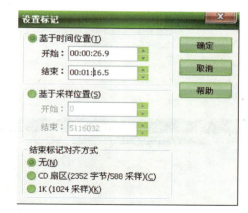

图 3-4-2　　　　　　　　　　　　　　　　图 3-4-3

（6）继续播放音乐，到达想要结束的位置后，执行"编辑/标记/放置结束标记"命令。

（7）如果想查看具体时间，可在工具栏上单击 [设标] 按钮来进行修改设置，如图 3-4-3 所示。

（8）单击"确定"单击工具栏上的剪裁按钮 [剪裁] 进行裁剪。裁剪后效果如图 3-4-4 所示。

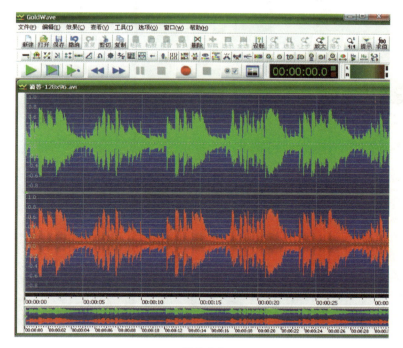

图 3-4-4

（9）单击"增益"按钮，在弹出的对话框中调节音量，如图 3-4-5 所示。

（10）将截取的音乐保存为"滴答（手机铃声）.MP3"，如图 3-4-6 所示。

（11）文件生成中，如图 3-4-7 所示。

（12）用播放器试听。

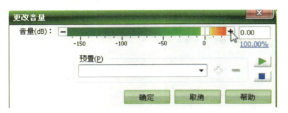

图 3-4-5

图 3-4-6

图 3-4-7

实训练习

　　从网上下载一个自己喜欢的视频或音频,将素材中的部分音频提取出来,制作一个属于自己的铃声。

第四章　Premiere 视频编辑

任务一　古诗鉴赏

任务简介

　　本任务需要运用相关的图片与文字素材,制作一个简单的古诗鉴赏影片,使大家在欣赏的同时,获得最佳的效果。

　　任务效果如图 4-1-1 所示。

图 4-1-1

任务准备

- 新建项目;
- 导入不同类型的素材;
- 将不同类型的素材进行归类整理;
- 添加视频切换;
- 新建字幕、彩色蒙版;
- 设置关键帧;
- 输出视频。

任务详解

1. 新建项目

（1）启动 Premiere，新建项目，如图 4-1-2 所示。

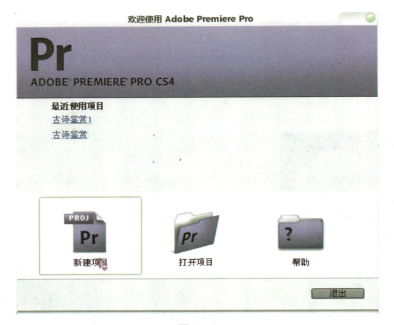

图 4-1-2

小提示

启动软件后，在打开的窗口中会看到最近使用项目下面有上次操作过的项目文件名称，如果单击这个名称就会进入这个项目的编辑窗口。这里需要新建文件，所以使用单击新建项目按钮，打开新建窗口新建一个项目。

（2）设置新建项目，使用默认的参数设置就可以了。位置与名称根据实际制作情况输入，如图 4-1-3 所示。

（3）在出现的序列预设对话框中，展开 DV-PAL，选择国内电视制式通用的 DV-PAL Standard 48 kHz，如图 4-1-4 所示。

小提示

在预设方案中，帧速率的数字越大，合成电影所花费的时间就越多，最终生成电影的尺寸就越大，因此，如没有特殊要求，我们一般选择帧速率数字较小的方案。

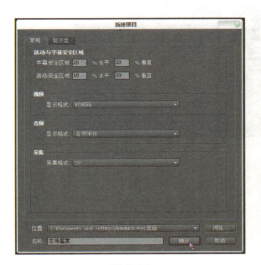

图 4-1-3

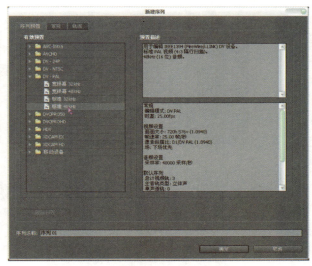

图 4-1-4

2. 素材导入

（1）在项目窗口中单击鼠标右键，选择导入，将需要的素材文件"梅花 1"、"竹子 1"、"松树 1"、"图"、"tb"、"古诗配乐"选中。这里从文件夹中一次性选择多个素材放置到素材面板，素材选择的先后顺序影响放置到面板上的顺序，先选择的素材会放在前面。选择多个不连续的素材，可以结合 Ctrl 键，选择多个连续的素材，可结合 Shift 键。

（2）导入素材"折扇.psd"，单击"打开"按钮，弹出导入分层文件对话框，选择序列，单击"确定"按钮，将文件导入到素材窗口中，如图 4-1-5、图 4-1-6 所示。

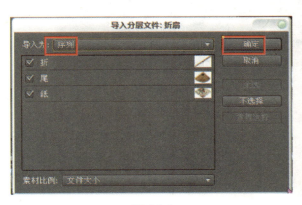

图 4-1-5

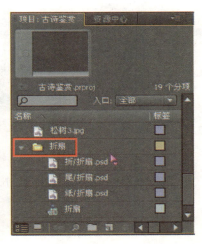

图 4-1-6

（3）在素材窗口中可以看到导入的是一个包含有三个图层的 PSD 文件，有一个"折扇"文件夹，其下有三个 PSD 文件图层和一个折扇时间线。双击折扇时间线即可将其打开，如图 4-1-7 所示。

图 4-1-7

（4）在素材窗口单击鼠标右键，新建文件夹"图片"，并将所有图片素材拖拉至"图片"文件夹，如图 4-1-8 所示。按此方法，进行"声音"、"字幕"文件夹的新建与设置。

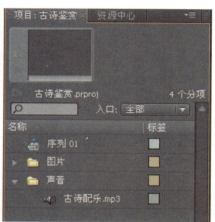

图 4-1-8

3. 编辑素材

（1）将折扇时间线拖拉至序列 01，进行时间线嵌套。

小提示

可以在一个项目文件中建立多个时间线，而且还可以将一个或多个时间线像素材一样放置在另外不同的时间中，即一个或多个时间线可以嵌套在另外一个时间线中，而且根据需要可以进行多层嵌套。

（2）打开效果面板，执行"视频切换/叠化/黑场过渡"命令，将其拖拉至视频轨迹 1 的折扇上，如图 4-1-9 所示。

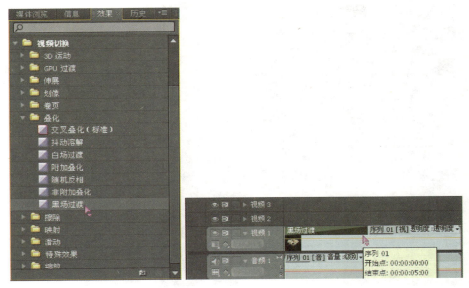

图 4-1-9

（3）双击该过渡，在特效控制台上对黑场过渡进行编辑，将"显示实际来源"的选项选中，并将持续时间修改为 2 秒 10 帧，如图 4-1-10 所示。

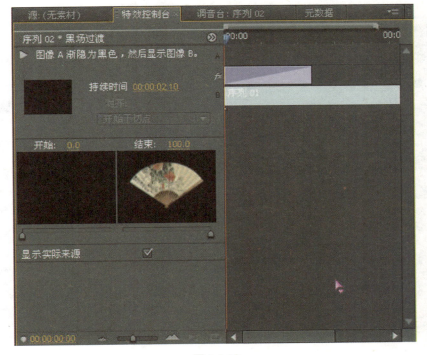

图 4-1-10

（4）在素材面板上单击鼠标右键，执行"新建分项/字幕"命令，在弹出的菜单中输入字幕的名称为"古诗鉴赏"，如图 4-1-11 所示。

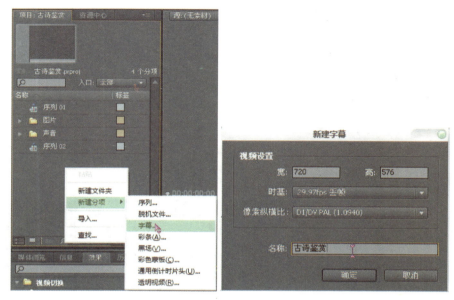

图 4-1-11

（5）在字幕编辑器中，单击文字工具按钮，在编辑区输入文字"古诗鉴赏"，如图 4-1-12 所示。

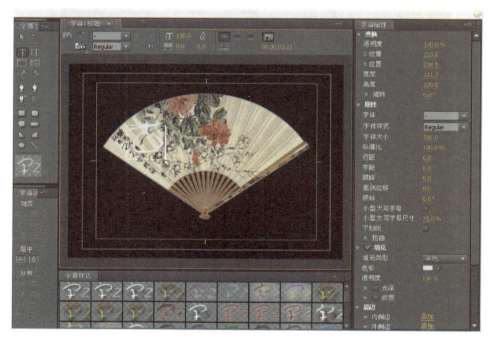

图 4-1-12

（6）文字输入完毕后，在右侧的字幕属性面板上对文字进行相关设置，更改字体大小、外描边、阴影。设置结束后，关闭字幕编辑器。此时在素材窗口，可以发现多了"古诗鉴赏"字幕文件，如图 4-1-13 所示。

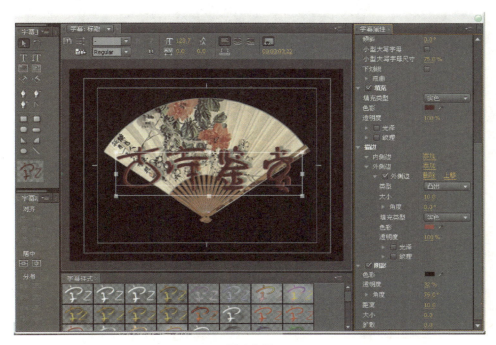

图 4-1-13

（7）将"古诗鉴赏"字幕素材拖拉至视频轨迹 2 上，选中字幕文件，单击鼠标右键，在弹出的菜单中执行"速度/持续时间"命令，在对话框中更改时间为 00：00：02：15，如图 4-1-14 所示。

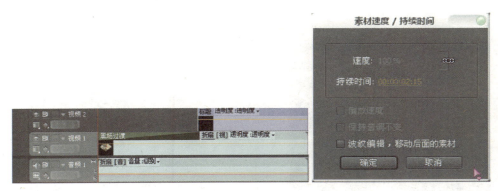

图 4-1-14

（8）在素材面板上，按住 Ctrl 键选中"梅花 1．jpg"、"竹子 1．jpg"、"松树 1．jpg"，拖拉至视频轨迹 2 上，如图 4-1-15 所示。

（9）在素材面板上单击右键，执行"新建/分项/彩色蒙版"命令，在弹出的颜色拾取窗口

图 4-1-15

中,选中 RGB,并设置颜色为 RGB(191、191、164),单击"确定"。在素材面板中将新建的彩色蒙版拖拉至视频轨迹 1 上,并更改其持续时间为 00:00:15:00,如图 4-1-16 所示。

图 4-1-16

(10) 选中"梅花 1.jpg",打开特效控制台,展开运动设置,将等比缩放的选项去除,更改缩放高度,如图 4-1-17 所示。

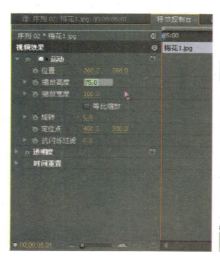

图 4-1-17

（11）按照此方法，设置"竹子 1"与"松树 1"，相关设置如图 4-1-18 所示。

图 4-1-18

4. 字幕制作

（1）在素材面板上单击鼠标右键，执行"新建分项/字幕"命令，在弹出的名称中输入字幕名称，如图 4-1-19 所示。

（2）在字幕编辑器上单击垂直文字工具，输入文字，并对文字进行字体大小、行距、字距、填充、描边等设置，如图 4-1-20 所示。

（3）在素材面板上单击"梅花古诗"字幕并复制此字幕素材，然后将复制字幕名称更改为"梅花标题"，如图 4-1-21 所示。

（4）双击"梅花标题"字幕文件，打开字幕编辑器，删除古诗内容，输入标题"梅花"，并对字体大小、字距做适当调整，如图 4-1-22 所示。

（5）按照以上方法继续制作其他字幕文件（咏竹标题、咏竹古诗、松树标题、松树古诗），如图 4-1-23 所示。

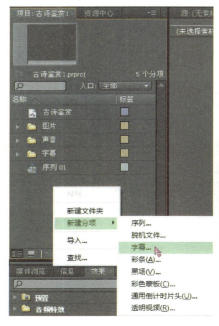
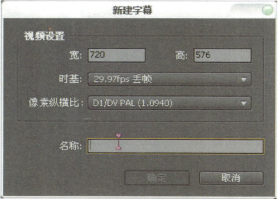

图 4-1-19

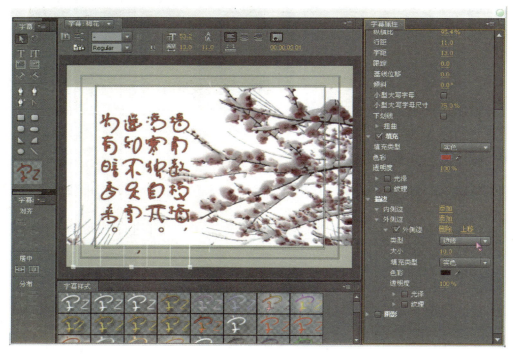

图 4-1-20

图 4-1-21

图 4-1-22

图 4-1-23

　　（6）将这些字幕素材依次放置在视频轨迹 3 上，并在"梅花标题"字幕上单击鼠标右键，执行"速度/持续时间"命令，将其时间设置为 1 秒，将"梅花古诗"字幕的持续时间设置为 4 秒。再依次设置其他 4 个字幕文件，具体见图 4-1-24。

　　（7）添加素材"图.jpg"至视频轨迹 3，"tb.gif"至视频轨迹 4，并将"tb.gif"的持续时间设置为 3 秒，如图 4-1-25 所示。

图 4-1-24

图 4-1-25

5. 关键帧动画制作

（1）打开特效控制台，对"tb.gif"进行运动设置。展开缩放比例选项，将右侧时间轴移至最左侧，单击"切换动画"按钮，然后单击随后出现的"添加关键帧"按钮，增加关键帧，并将缩放比例更改为 400；将时间轴移至最右侧，单击"添加关键帧"按钮，增加关键帧，并将缩放比例更改为 0，如图 4-1-26 所示。

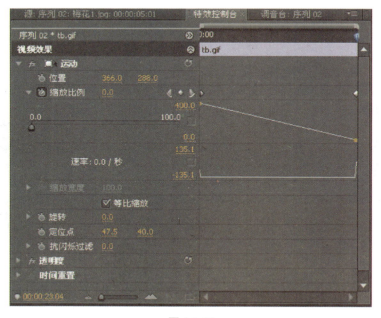

图 4-1-26

（2）在时间线上展开视频轨迹 3，选中"图"，并将时间轴移至"tb.gif"的结束帧，单击"添加关键帧"按钮；将时间轴移至"图"结束帧处，单击"添加关键帧"按钮，并将黄线上的关键帧拖拉至最底部，如图 4-1-27 所示。

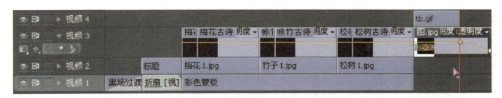

图 4-1-27

6. 影片输出

（1）单击回车键，预览视频。

> **小提示**
>
> 　　在时间线中，有些时间段因为有多层素材或是素材添加了转场、特效等，在播放时会不流畅或出现停顿，同时在时间标尺下面有红色线显示。可以先设置好工作区域，然后按回车键在工作区域内渲染不能实时播放的部分，渲染结束后，在时间标尺下面以绿色线显示，此时就可以实时预览效果了。

　　（2）我们可以将时间线中的成片内容输出为一个单独的视频文件，方便保存和使用。执行"文件/导出/媒体"命令，弹出导出设置，将格式选择为 AVI，更改输出名称为古诗鉴赏，单击"确定"，如图 4-1-28 所示。

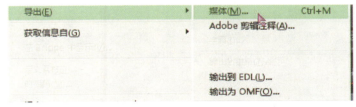

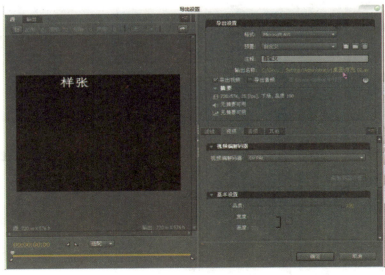

图 4-1-28

（3）弹出 Media Encoder，单击开始队列，进行视频渲染生成，如图 4-1-29 所示。

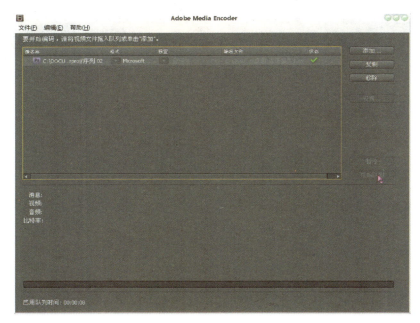

图 4-1-29

实训练习

新建一个项目文件"所见. prproj"，导入一组牧童照片：牧童 1、牧童 2、牧童 3、牧童 4。使用本任务的方法，添加字幕并设置运动以及透明度，在图片之间添加翻页转场，如图 4-1-30 所示。

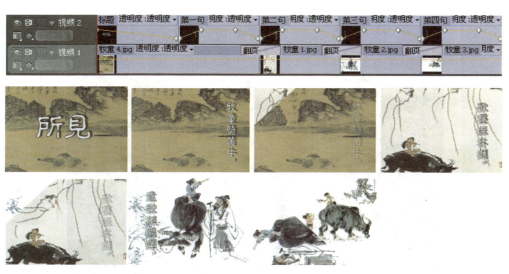

图 4-1-30

任务二　精彩特效

任务简介

本任务我们使用特效来完成两个小任务：卷轴画、折扇效果。通过这两个任务的完成，制作一幅展开的图片慢慢收起的过程；一个折扇由收合状态到展开状态的动画，使整个画面更加生动。

任务准备

- 打开已有的项目文件；
- 新建字幕、彩色蒙版；
- 添加视频切换；
- 修改转场长度；
- 设置关键帧；
- 在字幕中制作图形遮罩；
- 使用视频特效来制作按某一中心点旋转的动画；
- 使用轨道遮罩键来设置展开效果。

任务详解

1. 制作卷轴转场

（1）启动 Premiere 软件，打开古诗鉴赏文件。

（2）在素材窗口新建一个彩色蒙版，并将其 RGB 值设置为（200,138,32），如图 4-2-1 所示。

图 4-2-1

（3）打开特效面板，执行"视频切换/卷页"命令，选中"卷走"，将其拖至时间线上"图"的入点位置，如图 4-2-2 所示。

图 4-2-2

（4）在时间线上双击该转场，在特效控制台上将其持续时间改为 4 秒。

（5）查看转场效果，如图 4-2-3 所示。

图 4-2-3

2．制作卷轴动画

（1）从素材窗口中将棕色蒙版拖至时间线的 Video4 轨道中，使其长度与"图"保持一致。

（2）在时间线上选中棕色蒙版，在特效控制台上将"等比缩放"前小方框中的勾选去掉，设置缩放高度为 65，缩放宽度为 3。

（3）将时间移至第 0 秒时，单击打开"位置"前的码表，添加一个动画关键帧，设置位置为（0，288）。将时间移至第 4 秒时，将位置设置为（720，288）。具体设置如图 4-2-4 所示。

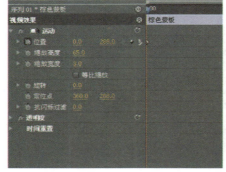

图 4-2-4

（4）预览动画效果，如图 4-2-5 所示。

图 4-2-5

3. 建立遮罩

（1）在项目面板上打开"折扇"时间线，并删除时间线上的素材，然后将"纸/折扇.psd"拖至时间线的 Video1 轨道。

（2）新建字幕，并将其命名为"扇形 Matte"。

（3）在字幕面板中从左侧工具栏中选择 工具绘制一个弧形，为了便于查看，将其设置为蓝色的轮廓线。这个弧形的中心点与"纸/折扇.psd"图形中的扇形旋转点对齐，弧形的半径大于"纸/折扇.psd"图形中的扇形，如图 4-2-6 所示。

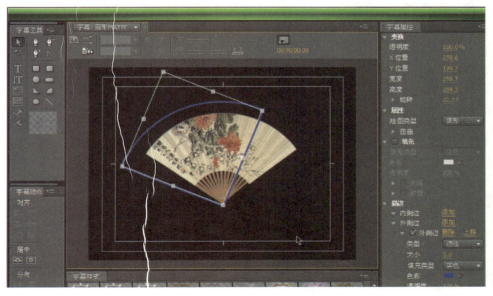

图 4-2-6

（4）选中绘制的弧形，复制并粘贴，并将其向右旋转一些，这样两个弧形将"纸/折扇.psd"图形中的扇形遮挡，如图4-2-7所示。

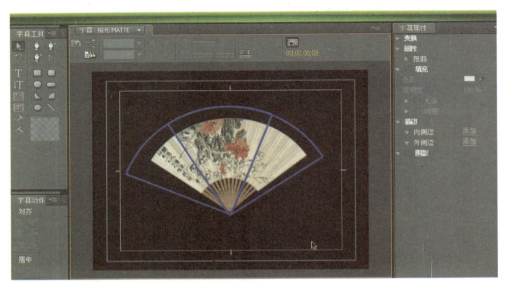

图 4-2-7

（5）取消两个弧形的轮廓线，为其填充颜色，如图4-2-8所示。

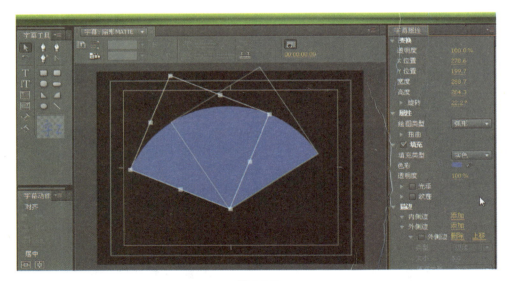

图 4-2-8

小提示

因为折扇的扇形角度大于90度，而弧形的角度只有90度，所以这里使用了两个弧形，这样才能遮挡折扇图形。

4. 设置扇面动画

（1）从素材窗口中将"扇形 Matte"拖拉至折扇时间线的 Video2 轨道中，并将其长度设置为与 Video1 轨道中"纸/折扇.psd"相同。

（2）打开效果面板，展开"视频特效/扭曲/变换"，将其拖至"扇形 Matte"上。

（3）在特效控制台上对变换进行相关设置，使轴心点移至扇形的旋转中心处。在第 0 帧时，单击旋转前面的码表，打开动画关键帧记录，当前值为 0 度，如图 4-2-9 所示。

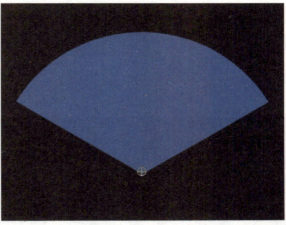

图 4-2-9

（4）将时间移至第 3 秒处，将旋转进行更改，使"扇形 Matte"旋转到右侧，将"纸/折扇.psd"的图形全部显示出来，如图 4-2-10 所示。

图 4-2-10

（5）打开效果面板，展开视频特效/键控/轨道遮罩键，将其拖至"纸/折扇.psd"上。

（6）在特效控制台上，对轨道遮罩键进行相关设置，具体设置如图 4-2-11 所示。

（7）播放预览动画效果，如图 4-2-12 所示。

（8）从素材窗口中将"尾/折扇.psd"拖至折扇时间线的 Video3 轨道中，设置长度与其他素材相同。

（9）再从素材窗口中将"折/折扇.psd"拖至折扇时间线的 Video3 轨道上方的空白处，此

图 4-2-11

图 4-2-12

时会自动增加一个 Video4 轨道,设置长度与其他素材相同。

（10）选中"扇形 Matte"，在特效控制台上单击变换，进行复制。再选中"折/折扇.psd"，按 Ctrl＋V 键粘贴，应用相同的变换，并在特效控制台上对旋转的动画关键帧进行修改，将第 0 帧旋转设置为－120。

（11）第 3 秒时将旋转设置为 0，如图 4-2-13 所示。

图 4-2-13

（12）播放预览动画效果，如图 4-2-14 所示。

图 4-2-14

5. 设置扇尾动画

（1）将时间移至第 0 帧处，新建一个字幕文件，并命名为"扇尾 Matte"。

（2）打开字幕编辑器，从左侧的工具栏中选择工具绘制一个小的矩形，移动其位置、旋转其角度，将其放置到扇子的底部并遮挡住当前时间不应出现的扇尾部分，如图 4-2-15 所示。

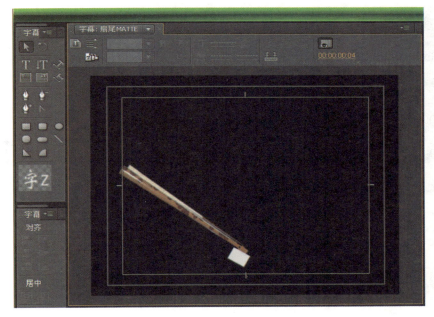

图 4-2-15

（3）将"扇形 Matte"拖至时间线中的 Video5 轨道上，并与下面的素材长度一致。选中 Video2 轨道中的"扇形 Matte"，在特效控制台上单击变换，将其进行复制，再选中"扇尾 Matte"进行粘贴，应用相同的变换，如图 4-2-16 所示。

（4）选中 Video1 轨道中的"纸/折扇. psd"，在特效控制台上单击轨道遮罩，进行复制，再选中 Video3 轨道中的"尾/折扇. psd"进行粘贴，并在特效控制台中将遮罩选择为 Video5，如图 4-2-17 所示

（5）预览动画效果。

图 4-2-16　　　　　　　　　　　　　　　　图 4-2-17

实训练习

新建一个项目文件"展开.prproj"，导入图片。使用本任务的方法，制作展开一幅扇形图的效果，如图 4-2-18 所示。

图 4-2-18

任务三　文字的翅膀

任务简介

本任务要将前面几个任务中制作的静态字幕，通过进一步设置，变为滚动字幕。

任务准备

- 打开已有的项目文件；
- 新建静态字幕；
- 将静态字幕设置为滚动字幕；

● 对滚动字幕按照要求进行设置。

任务详解

1. 制作滚动字幕

（1）启动 Premiere 软件，打开"古诗鉴赏. prproj"。

（2）选中视频 3 轨道上的"梅花古诗"，双击打开字幕编辑器。

小提示

　　在默认状态下，字体有可能会显示不正确，这是由于当前字体不适合，可以重新选择。

（3）单击字幕编辑器左上角的"基于当前字幕创建一个新字幕" ![按钮] 按钮，打开新建字幕对话框，输入字幕名称为"梅花古诗～滚动"。

（4）在滚动字幕编辑窗口中，单击左上角"滚动/游动"字幕选项 ![按钮] 按钮，进行如图 4-3-1 所示设置，会发现字幕窗口视频区域的下方出现了一个字幕滚动条。

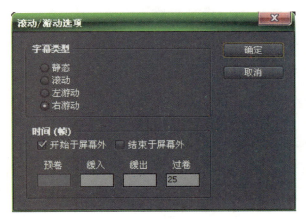

图 4-3-1

小提示

　　开始于屏幕外：字幕从画面外进入。

　　结束于屏幕外：结束时字幕移出画面。

　　预卷：字幕开始运动前，保持第一帧的静止长度。

　　缓入：设定滚动字幕开始时，由静止到正常运动的加速时间，加速起到缓冲作用，平滑运动效果。这个数字越大，表示加速越慢。

　　缓出：指定用来减速的帧数目，这个数字越大，表示减速越慢。

　　过卷：字幕结束时，保留最后一帧的静止长度。

（5）关闭字幕窗口。在项目面板上可以看到新建立的字幕，"静止字幕"显示为静止图片，"滚动字幕"显示为视频。

（6）将"梅花古诗"用"梅花古诗～滚动"代替。

（7）播放动画效果，进行局部修改。

（8）最终效果如图 4-3-2 所示。

图 4-3-2

（9）选中视频 3 轨道上的"咏竹古诗"，双击打开字幕编辑器。

（10）制作古诗的滚动字幕，并且设置古诗由右方进入，并且停止在屏幕中。设置滚动的过卷时间为 1 s，具体设置如图 4-3-3 所示。

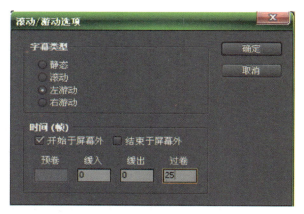

图 4-3-3

（11）播放动画效果，如图 4-3-4 所示。

图 4-3-4

（12）选中视频 3 轨道上的"松树古诗"，双击打开字幕编辑器。

（13）制作古诗的滚动字幕，效果如图 4-3-5 所示。

图 4-3-5

实训练习

　　手绘制作图形，完成后进行运动效果的制作，将矩形制作成渐变透明效果就会产生运动感，效果如图 4-3-6 所示。

图 4-3-6

第五章　Flash 设计与制作

任务一　　夜幕降临

任务简介

　　夜幕缓缓降临,月亮和星星已经悄悄爬上了天际,该是做晚饭的时候了。这时厨房的灯亮了,炊烟渐渐升起。不一会餐厅的灯也亮了,晚餐时刻到了,让我们一起享受这顿美妙的晚餐吧。该实例较为全面地运用了运动动画方式中各种典型的操作。图 5-1-1、5-1-2 为动画中的两个画面。

图 5-1-1

图 5-1-2

任务准备

首先了解一下和 Flash 动画相关的一些一本概念。

1. 舞台和时间轴

同电影一样，Flash 也是把时间的流逝分为各个帧，而舞台就是为电影中各个帧创作内容，直接在其上绘图或者安排输入作品的地方。

时间轴是协调动画时间流逝，在不同的层上组织作品的地方，时间轴显示了电影中的每一个帧。

2. 元件和实例

元件是电影中可反复使用的元素。元件可以是图形、按钮、电影片断、声音文件或者字符。创建后的元件保存在文件库里，当把元件置入舞台上时，就是在舞台上创建了一个该元件的实例，不管做了多少个该元件的实例，Flash 仅把该元件保存一次，所以元件的应用缩小了文件的体积。不管是否具有动态效果，把电影中不只一次出现的每一个元素做成元件是一个相当好的办法。

3. 库窗口

库窗口是保存和组织 Flash 产生的元件和输入文件的地方，包括声音文件、点阵图形和QUICK TIME 电影。库窗口允许以文件夹的方式组织管理库内项目，查看电影中某项目的使用频率及根据类型归纳项目。

4. 预览和测试电影

在制作、编辑 Flash 电影的时候，需要对正在制作、编辑的电影进行预览并测试其交互控制效果，有三种预览和测试方式：

（1）在 Flash 创作环境内预览和测试；

（2）在另一个单独窗口里预览和测试；

（3）在 Web 浏览器里预览和测试。

5. 补间动画

在补间动画中，可以在一个时间点定义一个实例、组或文本块的位置、大小和旋转等属性，然后在另一个时间点改变那些属性；也可以沿着路径应用补间动画。

在补间形状中，可以在一个时间点绘制一个形状，然后在另一个时间点更改该形状或绘制另一个形状。Flash 会内插两者之间的帧的值或形状来创建动画。补间动画是创建随时间移动或更改的动画的一种有效方法，并且能最大限度地减小所生成的文件大小。

任务详解

1. 制作天空变暗的动画

（1）新建一个动画文件。

（2）将图层 1 改名为天空，绘制一个与舞台大小一致的矩形并删除其边框，填充深蓝色。选择矩形工具绘制矩形。

（3）将矩形转换为图形符号。右击矩形，将其转换为元件，名称为天空，类型为图形。

（4）在第 13 帧处插入关键帧。

（5）选中第 1 帧，打开属性面板，将亮度设为 50％，如图 5-1-3 所示。

图 5-1-3

（6）在第 1 帧处创建渐变动画。

（7）在第 95 帧处插入帧。让画面一直显示到第 95 帧，将该图层锁定。

小提示

为了避免在后续操作中对之前的操作内容产生误操作，应及时将做好的层锁定。

2. 制作草地

（1）新建图层 2，改名为草地。

（2）用钢笔工具绘制草地，绘制过程中可用部分选取工具进行调整，如图 5-1-4 所示。

图 5-1-4

（3）确保草地层的 1～95 帧都出现草地图形。

3. 制作房子

（1）新建图层 3，改名为房子。

（2）导入素材"房子.BMP"。

（3）用任意变形工具将图片缩放到合适大小，执行"修改/分离"命令将图片打散。

（4）单击套索工具在选项区选择魔棒工具将白色背景去除,将图片置于舞台区域的左下方,如图 5-1-5 所示。

图 5-1-5

（5）此时,房子层的第 1～95 帧将显示该图片。

4. 制作月亮升起的动画

（1）新建图层 4,改名为月亮。

（2）在月亮层的第 10 帧插入一个关键帧。

（3）用钢笔工具绘制月亮,填充黄色,删除边框。

（4）将月亮转换为图形符号。

（5）将第 10 帧的弯月移至舞台外右下方。

（6）将月亮的不透明度设置为 20%,如图 5-1-6 所示。

图 5-1-6

（7）第 30 帧插入关键帧,将弯月移至舞台内部的右上角,用任意变形工具略微旋转,不透明度设置为 100%,效果如图 5-1-7 所示。

图 5-1-7

(8) 设置补间动画,创建月亮缓缓升起的动画。

5. 制作星星出现的动画

(1) 新建图层 5,改名为星星 1。

(2) 在星星 1 的 29 帧处插入关键帧。

(3) 用钢笔绘制五角星,边框为浅灰色,填充黄色。

(4) 将五角星转换为图形符号。

(5) 将五角星缩放至合适大小并移至合适位置,如图 5-1-8 所示。

图 5-1-8

(6) 将星星 1 的不透明度设置为 0%。

(7) 在第 49 帧插入一个关键帧。

(8) 将 49 帧的星星不透明度设置为 100%。

(9) 设置星星逐渐出现的补间动画。

（10）新建图层 6 和图层 7，分别改名为星星 2、星星 3。

（11）重复步骤，制作其他星星渐渐出现的动画。为使各星星出现的时间不同，星星 2 的动画设置为第 34 帧～第 54 帧，星星 3 的动画设置为第 38 帧～第 57 帧，效果如图 5-1-9 所示。

图 5-1-9

6. 制作炊烟升起的动画

（1）新建图层 8，改名为炊烟 1。

（2）在第 50 帧插入关键帧。

（3）使用椭圆工具绘制炊烟，设置外框为白色，线宽为 10，无填充，如图 5-1-10 所示。

图 5-1-10

（4）将炊烟转换为图形符号。

（5）调整炊烟大小及位置，效果如图 5-1-11 所示。

图 5-1-11

（6）在第 77 帧插入关键帧,将炊烟移至舞台上方,将其不透明度设置为 0%,如图 5-1-12 所示。

图 5-1-12

（7）设置炊烟渐渐飘远、渐渐消失的补间动画。

（8）新建图层 9 和图层 10、分别改名为炊烟 2 和炊烟 3。

（9）在炊烟 2 的第 60 帧及炊烟 3 的第 68 帧处插入关键帧。

（10）选中炊烟 1 的第 50～77 帧并复制。

（11）分别在炊烟 2 的 60 帧和炊烟 3 的 68 帧处粘贴帧。

（12）炊烟动画效果如图 5-1-13 所示。

图 5-1-13

7. 制作亮灯动画

（1）切换到房子层，在第 46 帧插入关键帧。

（2）选择套索工具，在选项区单击魔棒工具，在房屋左侧面的右下方窗户内单击，选中暗红色，填充为黄色，如图 5-1-14 所示。

图 5-1-14

（3）在房子层的第 67 帧处插入一个关键帧。

（4）将房屋右侧面的右上方窗户的暗红色改为黄色，如图 5-1-15 所示。

图 5-1-15

（5）整个动画制作完成，时间轴窗口如图 5-1-16 所示。

8. 测试动画

执行"控制/测试影片"命令。

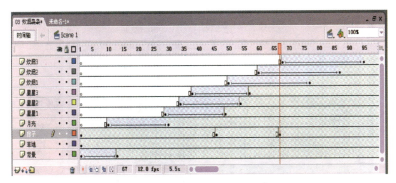

图 5-1-16

9. 保存并输出动画文件

（1）执行"文件/保存"命令。

（2）按 Ctrl＋Enter 键，即可生成 SWF 文件。

实训练习

制作动画效果：青苹果变红了，"苹果熟了"几个字从苹果后面环行绕出。

任务二　战马飞奔

图 5-2-1

任务简介

伴随着优美的背景音乐，画卷徐徐展开，一幅富有国画意味的画卷展现在我们面前。随着两声骏马的嘶鸣，一位老者骑着一匹枣红色骏马在开阔的草原上奔驰，天空中几朵云彩慢慢飘过，效果如图 5-2-1 所示。

任务准备

1. 关于色彩

在作品构思过程中，我们应该多注意积累色彩组合和搭配的知识。一般来说，色彩对比越鲜明，视觉冲击力就越强，但这不一定适合所有的作品题材。比如，这幅作品想要表达的是舒缓、古韵的意境，所以主要运用了传统和自然风格相结合的手法，突出作品自然朴实的一面。在色彩选择上，本作品也是以清淡的暖色调为主，再搭配一点冷色调和无彩色，从而比较好地表达了主题。

2. 逐帧动画

逐帧动画更改每一帧中的舞台内容,它最适用于每一帧中的图像都在更改而不是仅仅简单地在舞台中移动的复杂动画。逐帧动画增加文件大小的速度比补间动画快得多。创建逐帧动画,需要将每个帧都定义为关键帧,然后给每个帧创建不同的图像。

3. 关于遮罩

在创作过程中有效地利用遮罩层,对实现一些比较细腻的动画效果也是很有帮助的。遮罩项目可以是填充的形状、文字对象、图形元件的实例或影片剪辑。可以将多个图层组织在一个遮罩层之下来创建复杂的效果。

要创建遮罩层,可以将遮罩项目放在要用作遮罩的层上。和填充或笔触不同,遮罩项目像是个窗口,透过它可以看到位于它下面的链接层区域。除了透过遮罩项目显示的内容之外,其余的所有内容都被遮罩层的其余部分隐藏起来。一个遮罩层只能包含一个遮罩项目。

任务详解

1. 制作画轴

(1) 执行"文件/新建"命令,创建一个新文档。

(2) 执行"插入/新建元件"命令,设置名称为轴,类型为图形。

(3) 将图层 1 改名为长矩形,选择矩形工具,设置笔触颜色为黑色。在舞台上绘制一个矩形,设置矩形宽为 205,高为 12。

(4) 选择矩形对象的填充色,在混色器面板中选择线型渐变,将左侧和右侧的色标颜色设置为黑色,中间色标的颜色设置为白色。

(5) 执行"窗口/对齐"命令,将矩形对象相对舞台中心对齐,如图 5-2-2、5-2-3 所示。

图 5-2-2

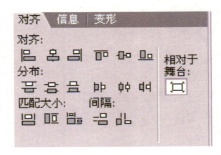

图 5-2-3

(6) 新建图层 2,改名为短矩形。

(7) 选择长矩形层的第 1 帧,执行"编辑/复制"命令,选择短矩形层的第 1 帧,执行"编辑/粘贴"命令,将复制的对象粘贴至当前帧。

（8）选择短矩形层第 1 帧的矩形对象,在属性面板中设置宽为 170,高为 20。打开对齐面板,使该对象相对中心对齐,如图 5-2-4 所示。

图 5-2-4

（9）新建图层 3,改名为左半圆。

（10）选择椭圆工具,在属性面板中设置笔触颜色为黑色,填充由白至黑的放射渐变,在舞台上绘制一个椭圆,选择该椭圆,设置宽为 18,高为 20。

（11）单击选择工具,选择椭圆的右半部分并将其删除。选择墨水瓶工具,设置笔触颜色为黑色,填充被删除的椭圆右边缘,如图 5-2-5 所示。

（12）选择半圆对象,使其右边缘和长矩形层中的对象的左边缘对齐。

（13）选择左半圆层的第 1 帧,执行"编辑/复制"命令。

图 5-2-5

（14）新建图层 4,改名为右半圆,选择第 1 帧,执行"编辑/粘贴"命令。

（15）选择当前帧中的半圆对象,执行"修改/变形/水平翻转"命令。

（16）将翻转后的半圆对象的左边缘和长矩形层中对象的右边缘对齐,画轴的最终效果如图 5-2-6 所示。

图 5-2-6

2. 制作画卷效果

（1）执行"插入/新建元件"命令,设置名称为卷,类型为影片剪辑。

（2）选择矩形工具,设置笔触颜色为黑色,在舞台上绘制一个矩形。选择矩形对象,设置宽为 170,高为 340。

（3）选择矩形对象的填充色,打开混色器面板,设置类型为线性渐变,将白色色标修改为浅黄色,将黑色色标修改为土黄色。

（4）新建图层 1。

（5）选择矩形工具,设置笔触颜色为黑色,填充色为白色,在舞台上画一个矩形。选择该矩形,设置宽为 150,高为 260,并使其相对中心对齐,效果如图 5-2-7 所示。

（6）新建元件,名称为马,类型为影片剪辑。

（7）执行"文件/导入"命令,导入素材"7-1. gif"～"7-7. gif",如图 5-2-8 所示。

（8）新建元件,名称为草,类型为影片剪辑。

（9）执行"文件/导入"命令,导入素材文件"cao. png"。

（10）单击时间轴上方的  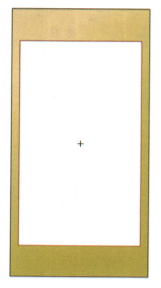 按钮,选择卷。

（11）选择图层 1 第 1 帧中的白色矩形,执行"编辑/复制"

图 5-2-7

命令。

（12）进入元件草的修改制作。

（13）新建图层 2。

（14）执行"编辑/粘贴"命令，使矩形相对中心对齐。

（15）单击图层 2 的轮廓按钮，确定图层 1 中对象运动的位置和范围，效果如 5-2-9 图所示。

（16）选择图层 1 中的图像，调整图像的右边缘，使之和红色轮廓的右边缘对齐。

（17）在第一层第 200 帧处按 F6 键插入一个关键帧，右击该层第 1 帧，执行"创建补间动画"命令。

（18）选择图层 2 的第 200 帧，按 F5 键。选择图层 1 第 200 帧中的图像，调整图像的左边缘，使之和红色轮廓的左边缘对齐，效果如图 5-2-10 所示。

（19）右击图层 2 名字，执行"遮罩层"命令，将该层转换为遮罩层。

图 5-2-8

图 5-2-9

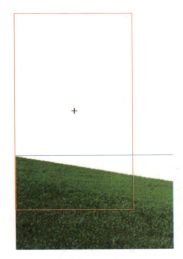

图 5-2-10

（20）新建元件，名称为云，类型为图形。

（21）选择椭圆工具，设置笔触颜色为无，填充色为淡黄色，按住 Shift 键在舞台上画一个正圆。选择圆，设置宽为 37，高为 37。

（22）新建图层 2，选择椭圆工具，绘制 2 个椭圆，组合出云朵的效果，如图 5-2-11 所示。

（23）单击编辑元件按钮，选择卷。

（24）选择图层 2 第 1 帧中的白色矩形，执行"编辑/复制"命令。

（25）新建元件，名称为云 2，类型为影片剪辑。

（26）选择图层 1 第 40 帧，按 F5 键，再新建图层 2。

（27）执行"编辑/粘贴"命令，将所复制的矩形对象粘贴至舞台中，并使矩形相对中心对齐。

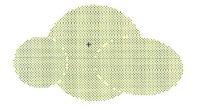

图 5-2-11

（28）单击图层 2 轮廓按钮。

（29）选择图层 1 第 1 帧，选择椭圆工具，设置笔触颜色为无，填充色为淡蓝色，绘制一个椭圆。

（30）使用选择工具，调整椭圆的边缘，使其形成自然随意的形态，并放置在红色轮廓的右上方，如图 5-2-12 所示。

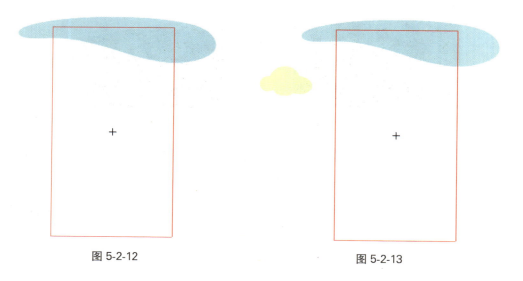

图 5-2-12   图 5-2-13

（31）新建图层 3，执行"窗口/库"命令，从库面板中选择并拖出元件"云"，将其放置在红色轮廓左侧，如图 5-2-13 所示。

（32）选择图层 3 第 40 帧，按 F6 键插入关键帧。选择当前帧中的元件对象，将其移至红色轮廓的右侧。设置该层第 1～40 帧为补间动画。

（33）新建图层 4。

（34）将"云"元件从库中拖到舞台，将其放置在红色轮廓左侧。适当缩小元件大小，并将其移至图层 3 第 1 帧中云朵的上方。

（35）选择图层 4 第 40 帧，按 F6 键创建一个关键帧，选择当前帧中的元件对象，将其移至红色轮廓的右侧，效果如图 5-2-14 所示。

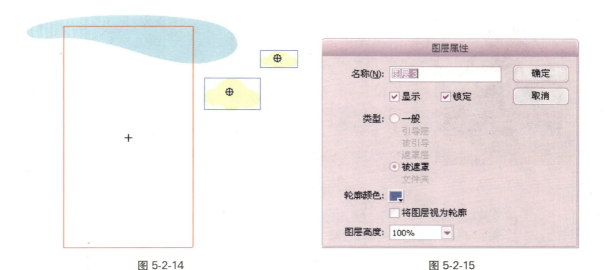

图 5-2-14　　　　　　　　　　　　　　　　图 5-2-15

（36）右击图层 2，执行"遮罩层"命令，将图层 2 转换为遮罩层。

（37）右击图层 3，执行"属性"命令，选择"被遮罩"。用同样的方法将图层 1 设置为被遮罩层，如图 5-2-15 所示。

（38）取消图层 2 的轮廓显示，单击所有图层的锁定按钮，将图层锁定，如图 5-2-16 所示。

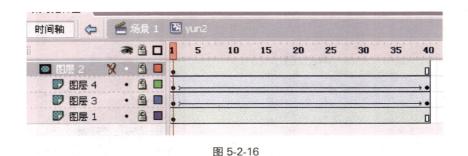

图 5-2-16

（39）单击编辑元件按钮，选择卷选项。

（40）新建图层 3，从库面板拖出元件"马"，适当缩小元件大小，使其和画面的比例保持协调，并放置在画面的下方。

（41）新建图层4，从库面板拖出元件"草"，使元件和画卷白色的下边缘对齐。根据草地的坡度，调整马的角度，使马奔跑时基本上能脚踏实地落在草地上，如图5-2-17所示。

图 5-2-17

图 5-2-18

（42）新建图层5，拖出元件"云2"，调整其大小和位置。

（43）新建图层6，选择文字工具，设置为静态文本，字体为隶属，大小为13，颜色为黑色，如图5-2-18所示。在舞台上输入文字"战马飞奔"，并使文字竖向排列。

（44）选择矩形工具，设置笔触颜色为无，填充色为红色，在文字下方绘制一个矩形，形成红色印章效果，如图5-2-19、5-2-20所示。

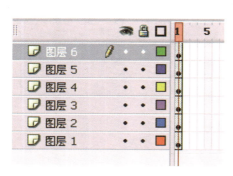

图 5-2-19

图 5-2-20

3. 制作展开画卷效果

（1）单击时间轴上方编辑场景按钮，选择场景 1。将元件"卷"拖至舞台，并放置在中心位置。

（2）新建图层 2，将元件"轴"拖至舞台，放置在画卷的上边缘。

（3）单击图层 1，新建图层 3，选择矩形工具，设置笔触颜色为无，填充色为黑色，在舞台上绘制一个矩形，使矩形遮挡住画轴下面画卷露出的部分，如图 5-2-21 所示。

（4）在时间轴窗口中选择所有图层的第 50 帧，按 F5 键。

（5）右击图层 3 第 1 帧，执行"创建补间动画"命令，选择第 50 帧，按 F6 键增加一个关键帧。

（6）选择图层 3 第 1 帧的矩形对象，设置高为 1。

（7）右击图层 3，执行"遮罩层"命令。

（8）选择图层 2 第 1 帧，执行"编辑/复制"命令。

（9）新建图层 4。

（10）选择图层 4 第 1 帧，执行"编辑/粘贴"命令，粘贴画轴对象并移动画轴的位置，如图 5-2-22 所示。

图 5-2-21

图 5-2-22

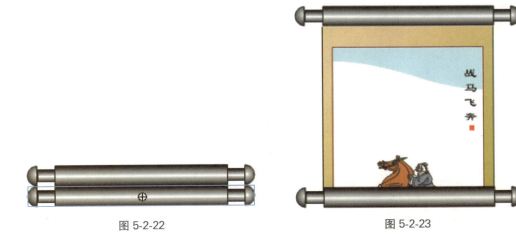

图 5-2-23

（11）选择图层 4 第 50 帧，按 F6 键增加一个关键帧。选择图层 4 第 50 帧中的画轴对象，将其移至画卷的下方并盖住画卷的下边缘，从而使画轴的运动和画卷的展开效果呼应起来，如图 5-2-23 所示。

（12）选择图层 4 第 50 帧，执行"窗口/动作"命令，输入代码 stop()。

（13）新建图层 5，选择第 1 帧，执行"文件/导入"命令，导入音乐文件"hua. wav"和"horse. wav"。

（14）在属性面板中的声音选项的下拉列表中选择音乐文件"hua. wav"。在同步选项的下拉列表中选择"开始"选项，在循环文本框中输入 100，如图 5-2-24 所示。

声音:	hua.wav	▼
效果:	无 ▼	编辑…
同步:	开始 ▼ 重复 ▼	100

11 kHz 单声道 16 位 21.1 s 464.5 kB

图 5-2-24

（15）新建图层6，选择第23帧，按F6插入关键帧，在该帧加入的声音可以和画卷中的马同时出现。

（16）在属性面板中的声音选项下拉列表中选择音乐文件"horse. wav"。同步选项选择开始选项，循环框中输入2，此时时间轴窗口如图5-2-25所示。

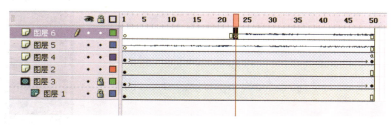

图 5-2-25

（17）执行"控制/测试影片"命令。

（18）保存文件。

实训练习

制作动画效果：展示多种动物图像，可根据下方的色标和文字变化，随机选择要观看的图像。

第六章　PPT 设计与制作

任务一　制作"上海介绍"幻灯片

任务简介

本次任务为制作"上海介绍"演示文稿。我们通过 PowerPoint（2010 版）软件进行制作。该软件作为 Office 家族的一员，已被广大读者所了解和掌握。然而，近些年来，随着 PPT 的广泛应用，人们对于 PPT 作品要求也越来越高。我们在掌握 PPT 基本操作外，同时也要了解常用的颜色搭配、排版布局、动画规律等知识。本次任务就是对演示文稿中各幻灯片版面进行设计与制作。

任务准备

1. 颜色搭配

颜色搭配协调与否直接影响着多媒体作品的美观程度。无论运用哪一种软件进行制作，颜色搭配知识都是各设计与制作的基本知识。

（1）颜色之间关系。

颜色盘包含 12 种颜色，分为三个组：原色（红、蓝和黄）；间色（绿、紫和橙，这些颜色通过混合原色形成）；复色（橙红、紫红、蓝紫、蓝绿、橙黄和黄绿，这些颜色通过混合上述六种颜色构成）。

（2）颜色对应关系。

相对位置的颜色被称为补色，补色的强烈对比可产生动态效果。相邻的颜色被称为近似色，每种颜色具有两种近似色，使用近似色可产生和谐统一的效果。

（3）对比强烈搭配。

（4）配色要点。

① 色彩不是孤立的，需要协调相互关系。

② 同一画面中大块配色不超过 3 种。

③ 使用对比色突出表现不同类别。

2. 排版布局

排版布局作为另一要素在 PPT 设计中不可或缺。一张幻灯片版面的舒适、和谐体现了排版布局的水平。

（1）图文排版对齐。

左对齐，文字、图片和其他各类元素靠左边对齐；

右对齐，文字、图片和其他各类元素靠右对齐；

居中对齐，文字、图片和其他各类元素靠中间对齐；

网格线作为参考线尤为重要，是对齐的重要标准线。

（2）九宫格。

九宫格将整个页面分成九个相同大小的矩形块，页面中间形成四个交点，即页面的焦点信息所在。九宫格对图片在页面上怎么摆放非常有用,要把重要信息放在焦点上,如图 6-1-1 的图片横跨两个焦点之上,成为页面的核心。

图 6-1-1

(3) 十字坐标。

作为页面平衡的参照物,单个页面作为一个整体,视觉上需要保持一个上下左右的平衡,才会有美感。头重脚轻或左重右轻,都会失去整体的平衡。我们常使用两个十字坐标达到页面平衡的效果,如图 6-1-2 所示。

红色虚线标示的十字:定位页面标题的位置(用于标题左对齐);

蓝色虚线标示的十字:定位页面标题的位置(用于标题居中对齐)。

不平衡页面　　　　　　　　　　平衡页面

图 6-1-2

任务详解

1. 新建、保存演示文稿

(1) 打开 PowerPoint(2010 版本)软件,点击 🖫 按钮,打开"另存为"对话框,保存演示文稿，选择保存地址，文件名中输入"上海介绍"，点击"保存"按钮，如图 6-1-3 所示。

图 6-1-3

（2）点击"开始"菜单中的"新建幻灯片"按钮，创建 6 张空白幻灯片（快捷键 Ctrl＋M），如图 6-1-4 所示。

图 6-1-4

2. 设计背景

（1）点击"插入"选项卡，单击"形状"按钮，选择第一个矩形形状，在演示文稿中制作一个与幻灯片大小一致的矩形，如图 6-1-5、6-1-6 所示。

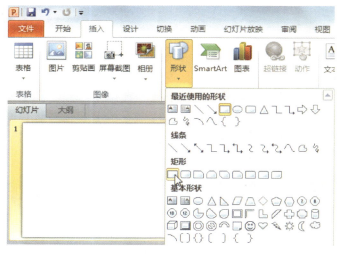

图 6-1-5　　　　　　　　　　　　　　　　　　图 6-1-6

（2）双击矩形，点击"格式"选项卡中"形状样式"面版中的"形状填充"下拉标记，点击"其他填充颜色"选项，打开"颜色"面版，选择"自定义"选项卡，设置 RGB 颜色：红色：109、绿色：209、蓝色：9，点击"确定"按钮。返回"形状样式"面版，选择"形状轮廓"下拉标记，选择"无轮廓"选项，如图 6-1-7～6-1-9 所示。

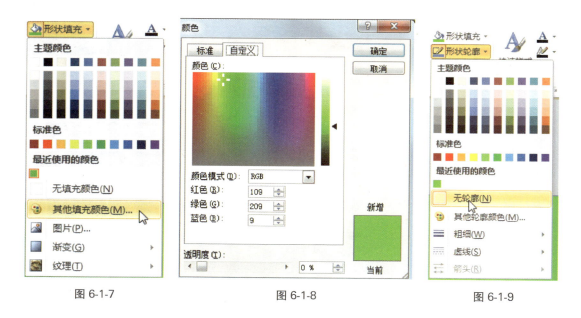

图 6-1-7　　　　　　　　　　　图 6-1-8　　　　　　　　　　　图 6-1-9

（3）根据以上步骤，设计一个大小为 19.98 cm×5.9 cm，颜色为绿色，透明度为 30% 的无边框矩形。放于幻灯片左侧，如图 6-1-10 所示。

（4）同理，为幻灯片页面设计不同的矩形，设置大小与颜色、阴影、透明度等属性，参考样张如图 6-1-11、6-1-12 所示。

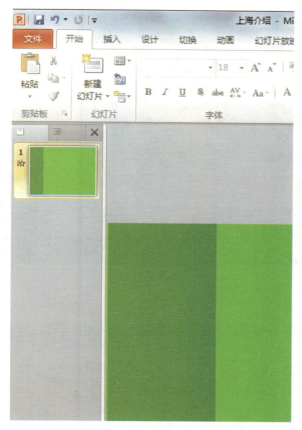

图 6-1-10

图 6-1-11

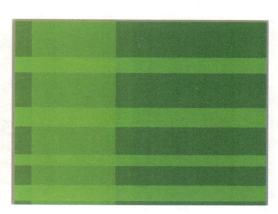

图 6-1-12

（5）制作其余五张幻灯片背景，参考样张如图 6-1-13 所示。

3. 标题艺术字

（1）点击"插入"选项卡中的"艺术字"选项，选择第 5 行第 5 列艺术字样式，如图 6-1-14、6-1-15 所示。

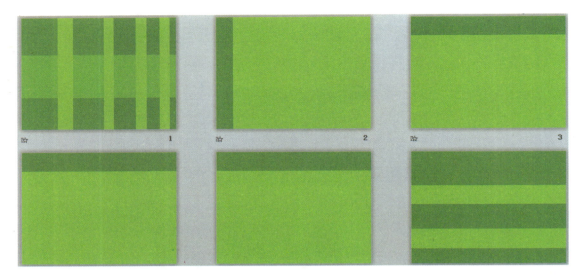

图 6-1-13

图 6-1-14

　　（2）双击艺术字文本框，输入"上海特色介绍"字样，设置字体为华文琥珀，字体颜色为白色，如图 6-1-16 所示。

　　（3）选择艺术字文本框，点击"格式"选项卡，选择"文本效果"下拉标记中的"转换"选项，选择"弯曲"效果中的"正三角"效果，如图 6-1-17～6-1-19 所示。

　　（4）同理，制作其他幻灯片标题，使用艺术字效果，参考样张如图 6-1-20、6-1-21 所示。

图 6-1-15

图 6-1-16

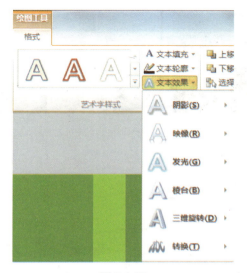

图 6-1-17

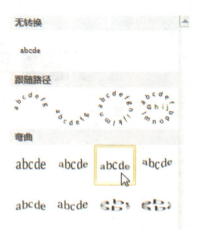

图 6-1-18

图 6-1-19

图 6-1-20

图 6-1-21

4. 制作内容

（1）点击"插入"选项卡，选择"图片"按钮，在"插入图片"对话框中选择"wenhua.jpg"图片，点击插入按钮，如图 6-1-22 所示。

图 6-1-22

（2）点击"视图"选项卡中的"显示"下拉标记，打开"网格线和参考线"面版，勾选"屏幕上显示绘图参考线"选项。按住 Ctrl 键拖拉参考线，将幻灯片等分成 9 格，制作九宫格效果，如图 6-1-23、6-1-24 所示。

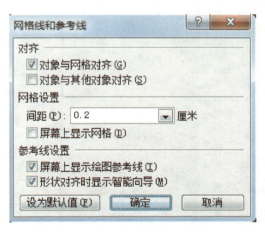

图 6-1-23

图 6-1-24

（3）调整图片大小，将图片中心放置在左边的两个聚焦点上，如图 6-1-25 所示。

（4）双击图片，在"格式"选项卡中选择"图片效果"下拉标记，点击"阴影"按钮，打开"阴影"效果面版，选择"左上斜偏移"效果，如图 6-1-26、6-1-27 所示。

图 6-1-25

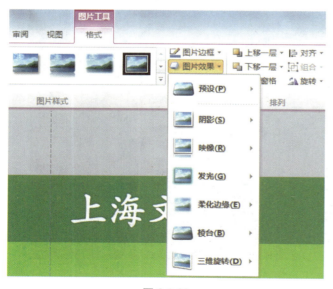

图 6-1-26

图 6-1-27

（5）返回"图片效果"，点击"映像"按钮，打开"映像"效果面版，选择"紧密映像，8 pt 偏移量"，如图 6-1-28、6-1-29 所示。

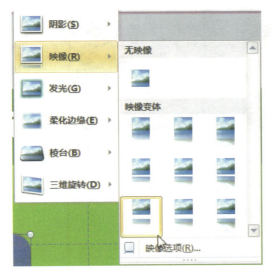

图 6-1-28

图 6-1-29

（6）在幻灯片右侧输入相应文字（略）。

（7）同理，制作其他幻灯片相应内容，参考样张如图 6-1-30 所示。

图 6-1-30

制作"美丽中国.pptx"多媒体作品。

任务二　制作目录页

任务简介

本次任务要为"上海介绍"演示文稿制作目录页，目录页能使演示文稿内容清晰，并为交互活动打下基础。我们使用 SmartArt 制作目录。SmartArt 作为 office 2007 以上版本新增功能，弥补了以往 office 图形图像设计缺陷。

任务准备

1. SmartArt 简介

SmartArt 是 Office 2007 及以上版本新增加的一项图形功能，相对于以前版本中提供的图形功能，SmartArt 功能种类丰富、效果生动。

2. SmartArt 类型

SmartArt 包括 8 种类型：

（1）列表型：显示无序信息或分组信息，主要用于强调信息的重要性；

（2）流程型：表示任务流程的顺序或步骤；

（3）循环型：表示阶段、任务或事件的连续序列，主要用于强调重复过程；

（4）层次结构型：用于显示组织中的分层信息或上下级关系，最广泛地应用于组织结构图；

（5）关系型：用于表示两个或多个项目之间的关系，或者多个信息集合之间的关系；

（6）矩阵型：用于以象限的方式显示部分与整体的关系；

（7）棱锥图型：用于显示比例关系、互连关系或层次关系，最大的部分置于底部，向上渐窄；

（8）图片型：主要应用于包含图片的信息列表。

图 6-2-1

任务详解

1. 添加幻灯片

（1）打开"上海介绍"演示文稿。

（2）将光标定位在第 2 张幻灯片前，新建空白幻灯片。在新幻灯片中设计背景图案，如图 6-2-1 所示。

2. 添加 SmartArt 图形

（1）选择第 2 张幻灯片

（2）点击"插入"选项卡中"SmartArt"按钮，如图 6-2-2 所示。

图 6-2-2

（3）在"选择 SmartArt 图形"选项面板中，选择"列表"选项中"垂直图片列表"图形（第四行第一列），点击"确定"按钮，如图 6-2-3、6-2-4 所示。

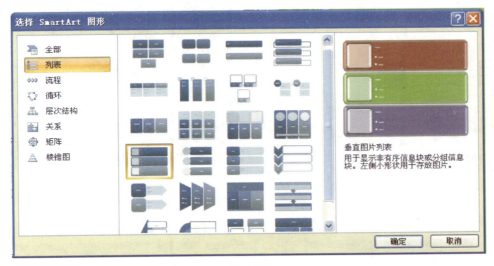

图 6-2-3

3. 美化和修饰 SmartArt 图形

（1）双击 SmartArt 图形，进入设计状态。

（2）点击"SmartArt 样式"中"更改颜色"下拉按钮，如图 6-2-5 所示。

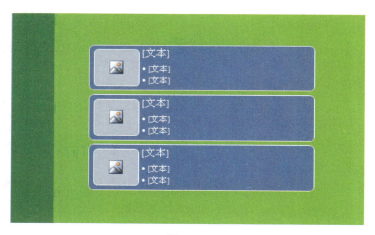

图 6-2-4

图 6-2-5

（3）在弹出的"主题颜色（主色）"选项卡中选择"彩色-强调文字颜色"，如图 6-2-6、6-2-7 所示。

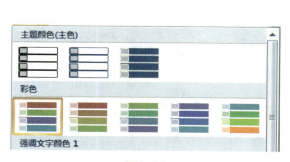

图 6-2-6

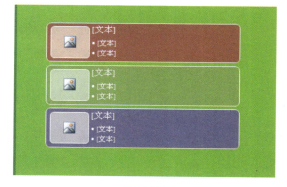

图 6-2-7

（4）点击"SmartArt 样式"中的"优雅"格式，如图 6-2-8、6-2-9 所示。

图 6-2-8

图 6-2-9

4. 添加内容

（1）选择 SmartArt 图形中的图片形状，如图 6-2-10 所示。

图 6-2-10

（2）双击形状中的图片标志，在弹出的"插入图片"对话框中选择"人民广场.jpg"图片，点击"插入"按钮，如图 6-2-11 所示。

图 6-2-11

（3）在［文本］处输入"上海文化"字样，删除其他两个［文本］，设置字体为华文隶书，字号为 55，如图 6-2-12 所示。

图 6-2-12

（4）同理，为其他图形添加图片以及文字，如图 6-2-13 所示。

图 6-2-13

实训练习

为"美丽中国"作品添加 SmartArt 目录。

任务三　添加多媒体元素

任务简介

本次任务要在"上海介绍"演示文稿中添加一些多媒体元素，包括声音、视频、动画等效果。

任务准备

多媒体元素包括文本、图形、动画、声音及视频。在演示及网页中多媒体元素扮演重要的角色。多媒体是多重媒体的意思，可以理解为直接作用于人感官的文字、图形、图像、动画、声音和视频等各种媒体的统称，即多种信息载体的表现形式和传递方式。

任务详解

1. 制作声音文件

（1）打开"上海介绍"演示文稿。

（2）点击"插入"选项卡中"音频"下拉菜单中"文件中的音频"选项，如图 6-3-1 所示。

（3）在"插入音频"对话框中选择"魅力上海"文件，点击"插入"按钮，在第一张幻灯片处出现声音标记，如图 6-3-2 所示。

（4）选择幻灯片中的声音标记，点击菜单面版中"播放"选项卡，在"编辑"选项中选择淡入为 00.25，淡出为 00.25，其他设置如图 6-3-3 所示。

（5）保存文件，播放幻灯片，收听效果。

图 6-3-1

图 6-3-2

图 6-3-3

2. 添加视频文件

（1）点击"插入"选项卡中"视频"下拉菜单中"文件中的视频"选项。

（2）在"插入视频"对话框中，选择"上海世博会"文件，点击"插入"按钮，在幻灯片中出现视频标记，如图 6-3-4 所示。

（3）选择幻灯片中的视频标记，点击菜单面版中"播放"选项卡，在"视频选项"中"开始"选择"单击时（C）"选项，如图 6-3-5 所示。

（4）保存文件，播放幻灯片，观看效果。

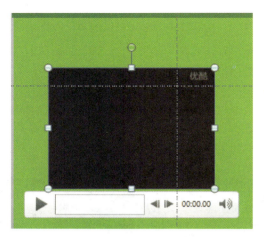

图 6-3-4

图 6-3-5

实训练习

为"美丽中国"添加多媒体元素（视频、动画、声音等）效果。

第七章　网页设计与制作 1

任务一　创建站点

任务简介

本次任务要为"丁丁幼儿园"网站建立站点。建立站点是制作网页的第一步。建立一个好的网站并不是一件容易的事情，需要前期的素材准备和站点结构的规划。对于初级学习者，建议用户使用较为简单的向导方式建立站点。

任务准备

1. 什么是网站

网站也称为站点，是根据一定规则由专业的网页设计软件制作，并呈现制作内容的网页及相关 Web 文件的集合。

2. 网站的构成

网站是由许多网页组成的，网页的功能主要是呈现信息和实现交流互动。除了网页外，网站还包含其他与网页相关的不同类型的文件，例如图像文件和多媒体素材，支持页面运作的 CSS、JS、ASP 等专门的程序代码文件和支持网站后台运行的数据库文件，以及一些支持页面特效的相关插件文件。

3. 设计要点

创建网站一般包括：

（1）站点规划，确立建站的目的、规模、面向的群体、服务器端的配置等各项。

（2）建立一个完整的站点目录结构。

（3）使用网页制作软件及辅助软件完成网站的制作。

（4）对网站测试，最后发布。

任务详解

1. 搭建站点

（1）启动 Dreamweaver CS3，执行"站点/管理站点"命令，打开"管理站点"对话框。

（2）单击"管理站点"对话框中的"新建"按钮，在弹出的下拉菜单中单击"站点"，如图 7-1-1 所示。

（3）在站点定义对话框的"基本"选项卡中设置站点名称为"丁丁幼儿园"。HTTP 地址可不填写。

（4）单击"下一步"按钮进入下一个接口，选中"否，我不想使用服务器技术"单选按钮，如图 7-1-2 所示。

图 7-1-1

图 7-1-2

（5）单击"下一步"按钮进入下一个接口。选择"编辑我的计算机上的本地副本,完成后再上传到服务器(推荐)"。

（6）单击下面文本框右侧的文件夹图标,在本地磁盘上新建一个文件夹,Dreamweaver 将在其中存储站点文件的本地版本,如图 7-1-3 所示。

图 7-1-3

（7）单击"下一步"按钮，在下拉列表中选择"无"选项，如图 7-1-4 所示。

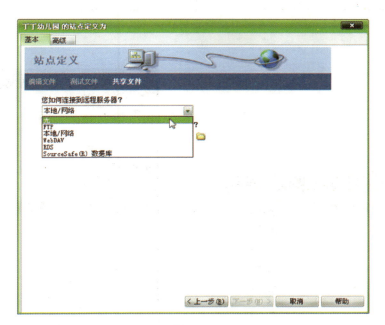

图 7-1-4

（8）单击"下一步"按钮，显示站点设置概况，如图 7-1-5 所示。单击"完成"按钮完成设置。
（9）在"管理站点"对话框中出现了"丁丁幼儿园"站点，单击"完成"按钮，如图 7-1-6 所示。
（10）在"文件"面板中显示站点中的文件和文件夹，如图 7-1-7 所示。

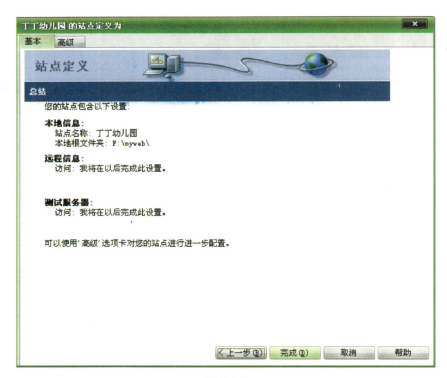

图 7-1-5

图 7-1-6

图 7-1-7

2. 设置站点

（1）继续前面的操作，在"管理站点"对话框中，单击"编辑"按钮，可以对已有的站点进行编辑。

（2）在"丁丁幼儿园的站点定义"对话框中，单击"高级"选项卡。

（3）设置本地根文件夹目录，可以直接输入站点目录，或单击右侧文件夹图示，选择 F:\myweb。同理，设置默认图像文件夹，选择 F:\myweb\images，如图 7-1-8 所示。

图 7-1-8

（4）勾选"启用缓存"设置。

小提示

　　"启用缓存"的作用是为每个实际存在的文件创建一条记录，当移动、删除和改名文件时，要迅速更新链接，建议选取该项。

任务二　制作网页顶部、底部库文件

任务简介

　　本次任务要为网页制作顶部和底部部分，由于网页中的这两个部分完全一致，我们采用库文件的形式，以便调用。

任务准备

1. 库

　　库是一种特殊的 Dreamweaver 文件，其中包含用户已创建以便放在网页上的单独的"资源"或资源拷贝的集合。如果想让页面具有相同的标题和脚注，但具有不同的页面布局，可以使用库文件存储标题和脚注。库文件是可以在多个页面中重复使用的存储页面元素；每当更改某个库文件的内容时，用户都可以更新所有使用该文件的页面。

2. 库的使用

　　用户可以在库中存储各种各样的页面元素，如：图像、表格、声音和 Flash 影片。使用库文件时，Dreamweaver 不是在网页中插入库文件，而是在库文件中插入一个链接。

任务详解

1. 制作顶部库文件

　　（1）执行"文件/新建"命令，在"新建文件"对话框中选择"空白页"选项卡中的"页面类型"中的"库项目"，如图 7-2-1 所示。

　　（2）执行"文件/保存"命令，在"另存为"对话框中，选择 others 文件夹，文件名为 top. lbi（库文件的后缀名），保存类型为库文件，单击"保存"按钮，如图 7-2-2 所示。

　　（3）将光标定位在页面的顶部，单击"插入"工具栏"常用"项中的"表格"按钮，在"表格"对话框中的"行数"设置为 2，"列数"设置为 1，"表格宽度"设置为 992 像素，边框粗细、单元格边距及单元格间距都设置为 0，如图 7-2-3 所示。

图 7-2-1

图 7-2-2

图 7-2-3

（4）将光标定位在第 1 行中，选择"属性"面板中的 ⬚ 图示，在弹出的"拆分单元格"对话框中设置"列数"为 2，如图 7-2-4 所示。

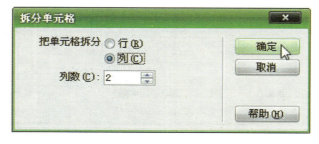

图 7-2-4

（5）单击"确认"按钮，将表格拆分成2列。

（6）将光标定位在第1列单元格中，单击"插入"工具栏"常用"项中的"图像"按钮，弹出"选择图像源文件"对话框，选择图像"logo. gif"，如图7-2-5所示。

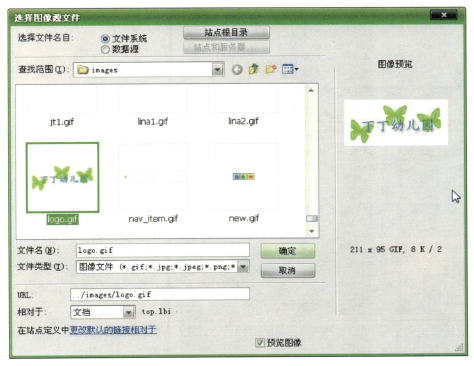

图 7-2-5

（7）将游标定位在第2列，单击 按钮，将单元格拆分成三行。

（8）执行"插入记录/图像"命令，分别在第1行和第3行插入素材图像"top_05. jpg"和"top_07. jpg"，如图7-2-6所示。

（9）将游标定位在第2行单元格中，单击属性面板中的背景文本框右边的单元格背景URL图示 ，在弹出的"选择图像源文件"对话框中选择图像"top_06. jpg"，如图7-2-7所示。

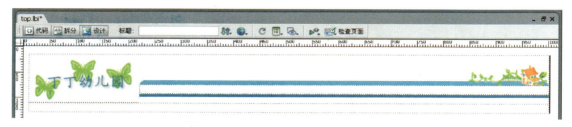

图 7-2-6

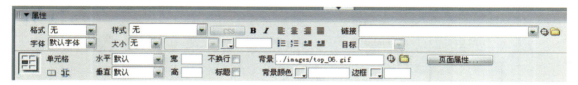

图 7-2-7

（10）单击"确定"按钮，插入背景图像。

　　（11）将光标定位在第 2 行的背景图像上，输入相应的文字，在属性面板中设置大小为 12 像素，颜色设置为＃FFFFFF，字体设置为宋体，如图 7-2-8 所示。

图 7-2-8

（12）在当前单元格，将单元格的高度设置为29，如图7-2-9所示。

图 7-2-9

（13）将光标定位在大表格中的第2行，执行"插入记录/图像"命令，插入图像"bg1.jpg"，略作调整，如图7-2-10所示。

图 7-2-10

（14）选中整个表格，将表格居中对齐。

（15）执行"文件/保存"命令，保存库文件。

2. 制作底部库文件

底部库文件一般包括版权信息、公司地址等。这些重复使用的部分常常作为一个单独的库文件使用。

（1）在"新建"中单击"库专案"，创建新的库文件。

（2）执行"文件/保存"命令，将库文件保存在 others 活页夹下，保存名为 bottom.lbi。

（3）执行"插入记录/表格"命令，插入1行1列的表格，表格大小为992像素，填充、间距及边距设置为0，表格对齐方式为居中对齐。

（4）将表格的高度设置为50，背景颜色设置为♯52CAD8，水平对齐设置为居中对齐，如图7-2-11所示。

（5）输入文字"Copyright ⓒ 2011 All Rights Reserved　Vivian 制作　版权所有"，如图7-2-12所示。

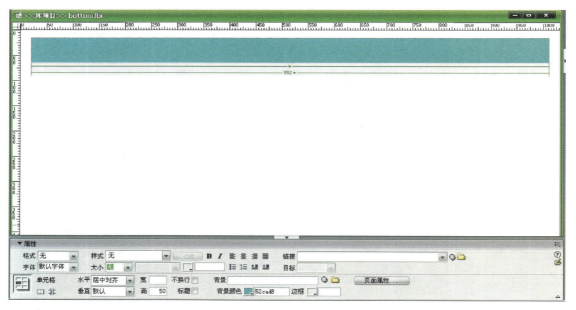

图 7-2-11

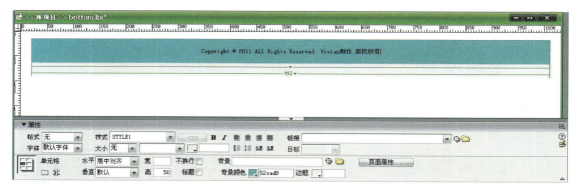

图 7-2-12

(6) 执行"文件/保存"命令,保存库文件。

任务三 制作首页主体部分

任务简介

本次任务要完成丁丁幼儿园首页的主体部分。创建一个完整的网页不仅仅需要技术的知识，更是要了解一点设计、布局以及颜色的基本规则。

任务准备

1. 布局

如同传统的媒体一样，网页也要具备一定的艺术感染力。一个页面杂乱无章、毫无美感的网页是不会获得用户青睐的，也不容易吸引用户再去点击页面中的其他链接。网页的设计讲究空间表现、页面构图、版式布局等。网页中各种元素的安排都要符合人们的审美心理，同时贴合网页要表达的主题。表格是网页制作中一个非常重要的对象，传统的网页布局以及各元素的组织都是依靠表格来进行的，它直接决定了网页是否美观，内容组织是否清楚。但随着基于 XHTML 的 DIV＋CSS 网页制作布局技术的发展，采用 DIV＋CSS 布局成为了一种发展趋势。但学习 DIV＋CSS 需要以 HTML 为基础，对于初学网页设计的人而言有一定难度，不提倡在 Dreamweaver 中直接进行编写。

2. 颜色搭配

色彩具有强烈的视觉冲击力，不同的色彩给人的感官不同，所产生的意境、象征和情绪也不同，因此色彩的应用要与设计主题相呼应。下面介绍几种颜色：

颜色	代表含义	网页用途
白色	一种干净的色彩，代表清洁、纯真、和平	白色在网页应用比较广泛，可以作为搭配色或是主色调
黑色	简洁、凝重的色彩	用于时尚、消费主题网站
红色	强烈的、能够吸引人们视线的色彩	热情、力量、充满活力为主题的网站
绿色	象征自然、安定与和平的色彩	自然、环境、教育、健康等主题的网站
蓝色	象征成功和安定	企业、银行、教育为主题的网站
黄色	象征梦想和希望、乐观、喜悦和幸福	幼儿园、宗教为主题的网站
灰色	双重性色彩，即可使人感到安静、被动、静态，也给人简洁、现代化的感觉	随意性较强，可以与任何色彩搭配，一起应用时可起到衬托作用

3. 表格

网页文件的布局制作当中最常使用的就是表格，插入表格是网页设计中最为基本的操作。

任务详解

1. 制作页面设置

（1）打开丁丁幼儿园网站。

（2）执行"新建/HTML"命令，创建新网页。

（3）执行"文件/保存"命令，将网页保存在站点目录下，保存文件名为 index. html。

（4）执行"修改/页面属性"命令，在弹出的对话框中将页面文字字体设置为宋体，大小为 9 点，颜色为＃666666，上边距及下边距都设置为 0 像素，如图 7-3-1 所示。

图 7-3-1

（5）切换分类项至"标题/编码"，将网页标题设置为"丁丁幼儿园"，编码为简体中文 GB2312，设置完以上几项后，单击"确定"按钮完成设置，如图 7-3-2 所示。

图 7-3-2

2. 制作页面顶部、左侧内容

（1）单击"文件"面板中的"资源"选项面板，选择 库图示，将"top. lbi"拖入游标处，如图 7-3-3 所示。

图 7-3-3

（2）选择整个顶部部分，执行"插入记录/表格"命令，插入 1 行 2 列的表格，表格大小为 992 像素，填充、间距及边框设置为 0，将表格居中对齐，如图 7-3-4 所示。

图 7-3-4

（3）将光标定位在第 1 列中，将单元格宽度设置为 211 像素，执行"插入记录/表格"命令，插入5行1列的表格，表格大小为211像素，填充、间距及边框设置为0。

（4）执行"插入记录/图像"命令，在第1行和第3行分别插入素材图像"index_16.gif"和"index_25.gif"，在第2行的属性面板中设置单元格背景图像"index_19.gif"，如图7-3-5所示。

（5）将光标定位在当前表格的第2行，执行"插入记录/表格"命令，插入3行2列的表格，宽度为95百分比，填充、间距及边框设置为0，表格居中对齐。

图7-3-5

图7-3-6

（6）在当前表格中，选择所有的单元格，单元格高度设置为25，如图7-3-6所示。

（7）在第1列中插入图像"x2.gif"，居中对齐，在第2列中输入相应文字，如图7-3-7所示。

（8）在上述表格的第4行单元格中插入大小为3行1列的表格，表格宽度为100百分比，填充、间距及边框设置为0，设置表格居中对齐。在单元格中分别插入图像"index_31.gif"、"index_35.gif"、"index_39.gif"，如图7-3-8所示。

图7-3-7

图7-3-8

（9）在上述表格第 5 行单元格中插入大小为 3 行 1 列的表格，宽度为 100 百分比，填充、间距及边框设置为 0，在表格的第 1、3 行分别插入图像"index_48. gif"、"index_50. gif"。将表格的第 2 行拆分成 2 列。在第 1 列中插入图像"index_49. gif"，如图 7-3-9 所示。

图 7-3-9

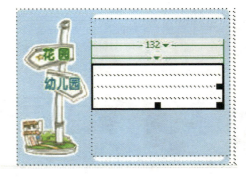

图 7-3-10

（10）在当前表格的第 2 列，设置背景颜色为♯C6E1F3，插入大小为 4 行 1 列的表格，宽度为 132 像素，填充、间距及边框设置为 0。设置表格的背景颜色为♯FFFFFF，如图 7-3-10 所示。

（11）选择整个表格，单击文件栏中显示代码视图和设计视图按钮 <kbd>拆分</kbd>，在 table width＝"132"后面输入 height＝"143"，设置表格高度，如图 7-3-11 所示。

图 7-3-11

（12）在单元格中输入相应的文字，如图 7-3-12 所示。

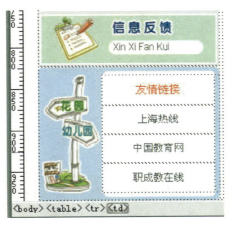

图 7-3-12

3. 制作页面右侧内容

（1）在右侧内容区域中插入 2 个大小为 1 行 3 列、1 个大小为 1 行 1 列的表格，宽度为 780 像素，填充、间距及边框设置为 0，如图 7-3-13 所示。

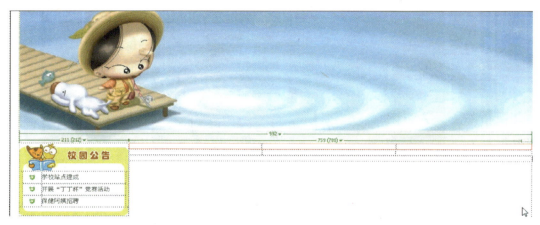

图 7-3-13

（2）在当前表格的第 1 列单元格内插入大小为 3 行 1 列的表格，宽度为 371 像素，填充、间距及边框设置为 0。在第 1、3 行分别插入图像"index_15.gif"、"index_27.gif"。在第 2 行的属性面板中设置单元格背景图像"index_22.gif"，如图 7-3-14 所示。

图 7-3-14

（3）在当前表格第 2 行单元格内插入大小为 10 行 3 列的表格，宽度为 95，填充、间距及边框设置为 0。在单元格中加入相应内容，如图 7-3-15 所示。

小提示

使用表格添加内容，可以使得图片和文字对齐。

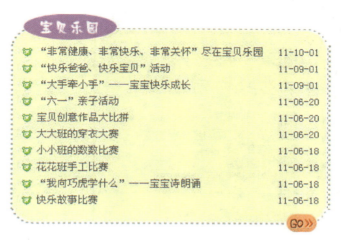

图 7-3-15

（4）按上述步骤完成"主题计划"的内容介绍，如图 7-3-16 所示。

图 7-3-16

小提示

　　由于"主题计划"与"宝贝乐园"的排版完全一致，可以通过编辑窗口底部卷标，选取"宝贝乐园"所在表格，通过复制和粘贴命令，将表格复制到右侧，修改相应内容。

（5）在上述第 2 个表格中，将光标定位在第 1 列，插入大小为 3 行 1 列的表格，宽度为 371 像素，填充、间距及边框设置为 0。将表格居中对齐。在第 1、3 行分别插入图像"index＿29.gif"、"index_42.gif"。在第 2 行的属性面板中设置单元格背景图像"index＿37.gif"，如图 7-3-17 所示。

图 7-3-17

（6）在当前单元格中插入大小为 5 行 3 列的表格，宽度为 95 百分比，填充、间距及边框设置为 0。表格高度设置为 100，在单元格中加入相应的内容，如图 7-3-18 所示。

图 7-3-18

（7）按上述步骤完成"生活常识"的内容介绍，如图 7-3-19 所示。

图 7-3-19

（8）在上述表格中的最后 1 行，插入大小为 3 行 1 列的表格，宽度为 780 像素，填充、间距及边框设置为 0。在第 1、3 行分别插入"index_47. gif"、"index_56. gif"。在第 2 行的属性面板中设置单元格背景图像"index_53. gif"，如图 7-3-20 所示。

图 7-3-20

（9）将游标定位在第 2 行，插入大小为 1 行 4 列的表格，宽度为 95 百分比，填充、间距及边框设置为 0。表格居中对齐。设置表格水平居中对齐。在表格中分别插入不同的图像，如图 7-3-21 所示。

图 7-3-21

4. 制作底部版权信息

（1）选择右侧表格。

（2）单击"文件"面板中的"资源"选项面板，选择  库图示，将"bottom. lbi"拖入游标处，如图 7-3-22 所示。

图 7-3-22

（3）保存并预览网页。

任务四　制作网站相册

本次任务是制作网站相册，在网页中展示小朋友的照片。

任务准备

使用 Dreamweaver 中"创建网站相册"命令能够生成一个 Web 站点，该站点将显示给定文件夹中图像的"相册"。在使用这个功能时，要先建立一个文件夹，作为相册图像及系统自动生成链接时各张图像缩略图的网页存放地点。若要使用"创建网站相册"命令，须安装 Fireworks 软件。

任务详解

1. 建立相册目录

在上述任务的站点根目录中建立文件夹，活页夹名为"xcpic"。

2. 建立网站相册

（1）新建网页，执行"命令/创建网站相册"，打开"创建网站相册"对话框。

（2）在弹出的话框中，设置相应的参数，如图 7-4-1 所示。

图 7-4-1

（3）此时 Fireworks 将自动启动，创建缩略图和大尺寸图像，如图 7-4-2 所示。

图 7-4-2

小提示

"源图像文件夹"所选的文档不必位于站点中。此外，该文件夹中的图像文件格式为 GIF、JPG、JPEG、PNG、PSD、TIF 或 TIFF。若是无法识别的格式，将不会包含在相册中。

（4）当系统完成工作后，点击"确认"，出现图片页面，如图7-4-3所示。

图7-4-3

（5）将光标定位在页面最后，输入文字"返回"，文字大小为9点、居中对齐，如图7-4-4所示。

（6）选择"返回"文字，在属性面板中将该文字与"index.html"相链接，如图7-4-5所示。

（7）在资源面板中选择库文件"top.lbi"。

（8）按步骤6的方法，设置宝宝相册文字与"xcpic"文件夹中"index.htm"链接。

（9）选择首页"index.html"文件。

（10）执行"修改/库/更新当前页"命令，将顶部文件更新，添加链接效果，如图7-4-6所示。

（11）保存并预览网页，如图7-4-7、图7-4-8所示。

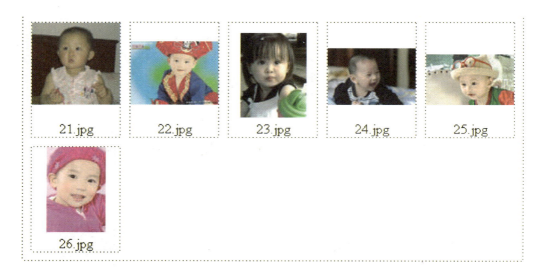

返回

图 7-4-4

图 7-4-5

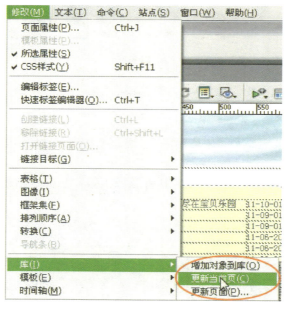

图 7-4-6

图 7-4-7

宝宝相册

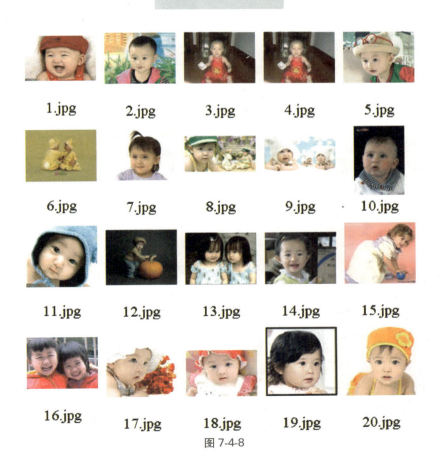

图 7-4-8

实训练习

制作自己学校的网站。

要求：

（1）建立站点目录，并将站点指定至站点目录。

（2）制作网页，在网页中绘制布局表格和单元格。

（3）在单元格内加入文字、图像。

（4）设置超级链接。

第八章　网页设计与制作2

任务一　制作站点和广告页

任务简介

本次任务完成站点和广告页的制作,建立站点的知识不再赘述,广告页中的广告是一个Flash文件,在这个任务中将介绍一下运用在网页中的几种Flash的形式。

任务准备

我们可以在Dreamweaver文件中插入Flash影片或物件。
Dreamweaver的"Flash文本"选项可以让用户插入只包含文本的Flash动画。

任务详解

1. 创建站点

（1）在F盘建立站点目录"web1"以及子文件夹"files"、"images"和"others",并使用高级标签定义站点,站点名为"飞屋环游记",如图8-1-1所示。

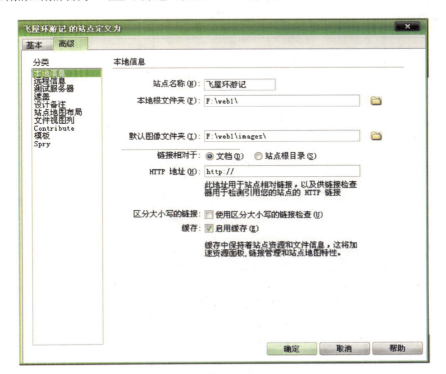

图8-1-1

图 8-1-2

（2）单击"文件"面板，查看站点情况，如图 8-1-2所示。

（3）执行"文件/新建"命令，创建新网页。

（4）执行"文件/保存"命令，将网页保存在站点根目录下，保存文件名为"guanggao.html"。

2. 制作广告页

（1）执行"修改/页面属性"命令，在"外观"分类选项处设置页面字体为宋体，大小为 9 点数，背景颜色为 ♯87B1DF，在"标题/编码"分类中设置网页标题为"飞屋环游记"，如图 8-1-3 所示。

（2）插入 5 行 1 列的表格，表格宽度为 500 像素，表格居中对齐。设置第 1、5 行单元格高度为 50，颜色为 ♯87B1DF，第 2 行单元格高度为 20，颜色为 ♯FFFFFF，如图8-1-4 所示。

（3）将光标定位在第 3 行单元格内，执行"插入记录/媒体/Flash"命令，在弹出的"选择文件"对话框中选取素材"fwhyj.swf"，如图 8-1-5 所示。

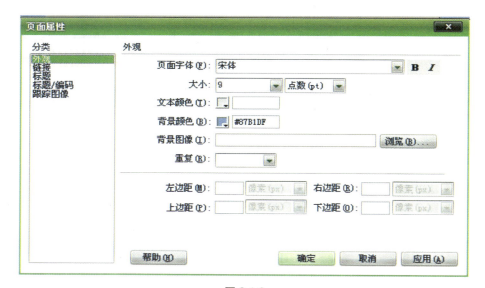

图 8-1-3

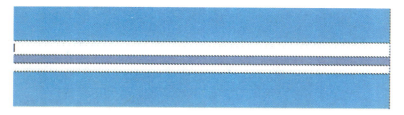

图 8-1-4

图 8-1-5

（4）执行"文件/保存"，保存网页。

（5）新建网页，将该网页保存在"files"文件夹内，文件名为"index. html"。

（6）将游标定位在"guanggao. html"底部单元格处，执行"插入记录/媒体/Flash 文本"命令，在打开的"插入 Flash 文本"对话框中设置相应参数，如图8-1-6所示。

图 8-1-6

（7）执行"文件/保存"，保存网页。

任务二　制作首页

任务简介

　　本次任务是制作飞屋环游记网站的首页部分。在这个部分中将继续介绍几个在网页中插入其他的 Flash 形式。导航部分是 Flash 按钮，图片欣赏采用图像查看器的功能。网页的布局和设计可以多样化，样张以供参考。

任务准备

1. Flash 按钮

　　Dreamweaver 的"Flash 按钮"功能以快速设计的方式，为用户提供了多种精美的钮样式，在选择其中一种样式后，再进行按钮文本、链接等设置，即可为网页快速插入呈现互动效果的按钮组件。

2. 图像查看器

　　使用"图像查看器"功能可以在网页中设计一个动态的图像展示区。为网页插入"图像查看器"后，该对象以 Flash 的形式呈现，因此图像查看器其实是一个 Flash 对象。浏览者可以通过其中显示的控制栏，控制浏览丰富的图像信息。

任务详解

1. 制作首页

　　（1）执行"修改/页面属性"命令，在"外观"分类选项处设置页面字体为宋体，大小为 9 点，背景颜色为＃4183CE，在"标题/编码"分类中设置网页标题为"飞屋环游记"，如图 8-2-1 所示。

　　（2）执行"插入记录/表格"命令，插入 2 行 1 列的表格，宽度为 900 像素，居中对齐。将第 1 行拆分成 2 列，在第 1 列中插入素材图像"logo. png"。在第 2 行中插入素材图像"top. png"，如图 8-2-2 所示。

　　（3）执行"文件/保存"命令，保存网页，命名为"index. html"。

　　（4）选择整个表格，执行"插入记录/表格"命令，插入 3 行 1 列的表格，宽度为 900 像素，居中对齐。

　　（5）将第 2 行拆分成 3 列，将光标定位在第 1 列，插入 2 行 1 列的表格，宽度为 500 像素，居中对齐。设置第 1 行的高度为 30，在属性面板中设置单元格背景图像"index_53. gif"。在单元格中插入素材图像"xtb. png"，并输入文字"剧情介绍"，如图 8-2-3 所示。

　　（6）将光标定位在第 2 行，在"属性"面板中设置背景颜色为＃CCCCCC，高度为 181，插入 1 行 1 列的表格，宽度为 498 像素，居中对齐。在属性面板中设置背景颜色为＃4183CE，高度为 180，如图 8-2-4 所示。

图 8-2-1

图 8-2-2

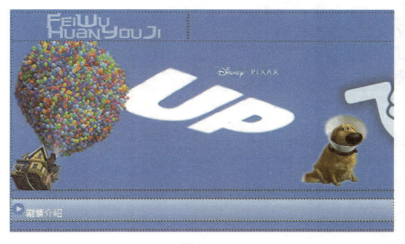

图 8-2-3

图 8-2-4

（7）插入 1 行 1 列的表格，宽度为 95 百分比，居中对齐。输入相应的文字介绍，如图 8-2-5 所示。

图 8-2-5

（8）将光标定位在上述表格的第 3 行中，拆分成 3 行，将第 2 行拆分成 3 列，在第 1 列中，按照上述步骤制作"同类电影"介绍单元格以及边框，设置高度为 301 和 300，如图 8-2-6 所示。

（9）在有颜色边框的单元格中，插入 4 行 4 列的表格，宽度为 95 百分比，居中对齐。在相应的单元格中插入图像并且输入文字，如图 8-2-7 所示。

（10）按照上述步骤制作"获奖情况"表格，如图 8-2-8 所示。

图 8-2-6

图 8-2-7

图 8-2-8

（11）保存文件并且预览网页。

2. 添加 Flash 按钮

（1）将光标定位在顶部表格的右侧单元格内，插入 1 行 5 列表格，宽度为 600 像素，居中对齐，如图 8-2-9 所示。

图 8-2-9

（2）将光标定位在第 1 列单元格内，执行"插入记录/媒体/Flash 按钮"命令，在"插入Flash 按钮"对话框中设置相关参数，如图 8-2-10 所示。

图 8-2-10

（3）重复上述步骤继续插入按钮，分别命名为"在线观看"、"小编影评"、"剧照欣赏"、"与我联系"，如图 8-2-11 所示。

图 8-2-11

（4）保存并且预览网页。

3. 图像查看器

（1）将素材"pic1"文件夹复制到站点根目录中。

（2）将光标定位在剧情介绍内容右侧的单元格内，执行"插入记录/媒体/图像查看器"命令，在弹出的"保存 Flash 元素"对话框中，将"图像查看器"保存在该站点的"other"文件夹下，取名为"txckq"，单击"保存"按钮，如图 8-2-12 所示。

图 8-2-12

（3）选取插入的图像查看器，在属性面板中将该图像查看器大小设置为 400×225 。

（4）选择图像查看器内容，执行"窗口/行为"命令，在弹出的"Flash 元素"对话框中设置不同的参数，如图 8-2-13 所示。

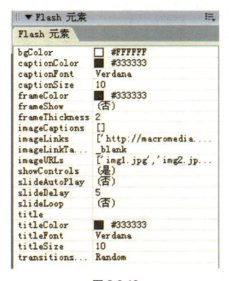

图 8-2-13

（5）点击 imageURLs 选项旁的 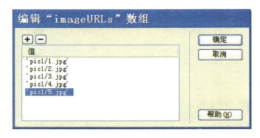 按钮，打开编辑对话框，设置相应的参数，如图 8-2-14 所示。

图 8-2-14

（6）保存并且预览网页，如图 8-2-15 所示。

图 8-2-15

任务三　制作分页

任务简介

本次任务是紧接着上个任务，完成"飞屋环游记"的其他网页，分别是"在线观看"、"小编影评"、"剧照欣赏"几个分页。

任务准备

这几个分页的布局相对比较简单，学生可以自行创建和完成。

任务详解

1. 制作"在线观看"网页

（1）打开"index. html"网页，执行"文件/另存为"命令，将文件保存在站点根目录下的"files"文件夹中，命名为"zxgk. html"。

（2）删除网页中除顶部的其他部分，如图 8-3-1 所示。

图 8-3-1

（3）选择顶部表格，插入大小为 4 行 3 列的表格，表格宽度为 900 像素，居中对齐。将第 1 行合并。

（4）将光标定位在第 2 行中，插入大小为 2 行 1 列的表格，表格宽度为 570 像素。设置第 1 行高度为 30，在属性面板中设置背景链接图像"dbk. png"。插入素材图像"xtb. png"，并输入文字"影片欣赏"，如图 8-3-2 所示。

图 8-3-2

（5）设置第 2 行的高度为 501，背景颜色为♯CCCCCC，插入大小为 1 行 1 列的表格，宽度为 568 像素，居中对齐，单元格高度设置为 500，背景颜色为♯4183CE，完成有颜色边框的制作，如图 8-3-3 所示。

图 8-3-3

（6）将光标定位在上述表格中的第 3 列，重复上述步骤，制作"音乐欣赏"表格，如图 8-3-4 所示。

图 8-3-4

（7）制作网页版权部分，如图 8-3-5 所示。

图 8-3-5

（8）保存并预览网页。

2. 制作"小编影评"网页

（1）打开"zxgk. html"网页，将网页另存为"xbyp. html"。

（2）根据上述步骤，制作网页内容，如图 8-3-6 所示。

图 8-3-6

（3）将素材文件"bg. mid"复制到站点目录的"other"文件夹内。在代码窗口中的 body 标签后加入代码＜bgsound src＝".. /other/bg. mid"loop＝"－1"＞，将 other 文件夹下的 MID 音效文件加入到网页中，如图 8-3-7 所示。

```
<body>
<table width="900" border="0" align="center" cellpadding="0" cellspacing="0">
<bgsound src="../others/bg.mid" loop="-1" />
```

图 8-3-7

（4）保存并预览网页。

3. 制作"剧照欣赏"网页

根据上述步骤，制作"剧照欣赏"网页，在此不再累述，效果如图 8-3-8 所示。

图 8-3-8

4. 制作网页链接

（1）双击当前网页中的 Flash 按钮，打开"插入 Flash 按钮"对话框，单击"链接"项右侧的浏览按钮，选取相应的网页，如图 8-3-9 所示。

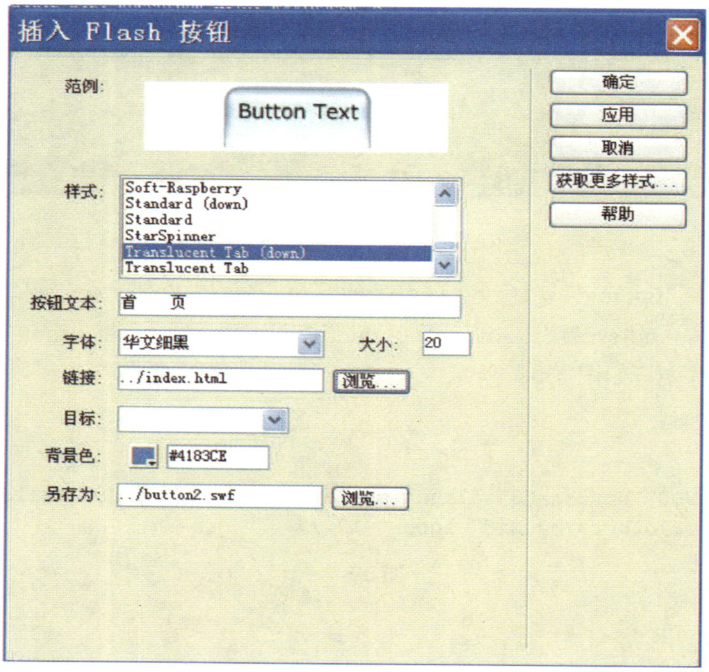

图 8-3-9

（2）保存并预览网页。

任务四　在网页中添加视频与音频效果

任务简介

本次任务是在已完成的网页中添加视频和音频效果。对于音频效果我们采用一种插件的方式进行添加，可以自主选择播放等功能。

任务准备

1. 插入视频

方法一：

用 Dreamweaver 新建或打开一个网页，然后点击软件工具栏中的"插入 flash"按钮，在弹出的对话框中输入复制的 URL 地址，最后在定义一下 flash 播放器的宽度和高度就可以了。

方法二：

用 Dreamweaver 新建或打开一个网页，然后在源代码中将所复制的代码粘贴进来，然后直接预览就可以了。

2. 插入 Plugin 插件

插件是指在 Html 文件中内联播放音频、视频等多媒体资源的传递系统。只要网页或链接包含适当类型的镶嵌文件，就可以运行插件。插件在 Html 文件中有三种播放方式：镶嵌、隐藏、全屏幕。典型插件有音频插件、视频插件、动画插件、多媒体插件。音频插件用于播放数字化音频、MIDI 音乐或语音。通常用浏览器可以播放的音乐格式有：MIDI 音乐、WAV 音乐、AU 格式；用浏览器可以播放的视频格式有：MOV 格式、AVI 格式。

任务详解

1. 插入视频

（1）打开"zxgk. html"网页。

（2）将素材文件"movie. mpg"复制到站点的"others"文件夹内。

（3）将光标定位在影片欣赏下方的表格内，执行"插入记录/图像"命令，在弹出的"选择图像源文件"对话框中选取素材图像"movie.jpg"，单击"确定"按钮，如图 8-4-1 所示。

图 8-4-1

（4）在代码窗口中将代码"＜img src＝".. /images/movie. jpg" width＝"600" height＝"338" />"修改为"＜img src＝".. /images/movie. jpg" dynsrc＝".. /others/movie. MPG" loop＝"－1" width＝"600" height＝"338" />"即将 others 文件夹中的视频文件链接到网页中，并设置为循环播放，如图 8-4-2 所示。

```
<td height="500" valign="top" bgcolor="#4183CE"><img src="../images/movie.jpg" dynsrc="../others/movie.MPG" loop="-1" width
="600" height="338" /></td>
```

图 8-4-2

（5）保存网页，预览效果。

2. 插入插件

（1）将光标定位在表格右侧"音乐欣赏"的单元格内，执行"插入记录/媒体/插件"命令，打开"选择文件"对话框，在该对话框中选取"fw. mp3"，单击"确定"按钮，如图 8-4-3 所示。

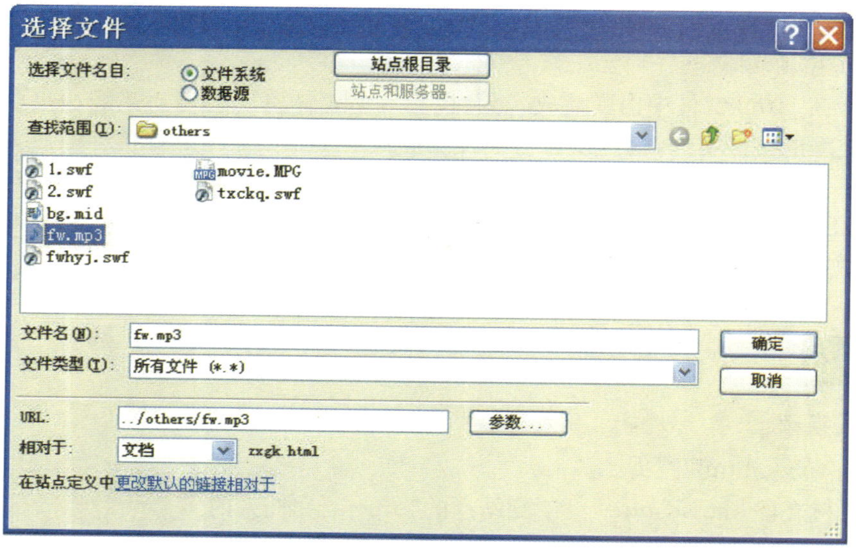

图 8-4-3

（2）选取插入的插件对象，在属性面板中将宽设置为 200 像素，高设置为 100 像素，居中对齐，如图 8-4-4 所示。

图 8-4-4   图 8-4-5

（3）保存网页，预览效果，如图 8-4-5 所示。

实训练习

制作"琦琦服饰网"网站。

要求：

（1）建立站点目录，并将站点指定至站点目录。

（2）制作站点的开始页面，在网页中加入片头动画和 Flash 文字。

（3）制作首页，插入相应的文字和图片。

（4）设计并制作各分页。

（5）插入图像查看器。

（6）加入音效和插入视频。

第九章　Authorware 多媒体合成

任务一　自我介绍

任务简介

一年一度的招聘会即将开始，每位应聘的学生都希望制作一份独特的自我介绍的简历。本次任务就是使用 Authorware 制作一份自我介绍。

任务准备

Authorware 是一个图标导向式的多媒体制作工具，使非专业人员快速开发多媒体软件成为现实，其强大的功能令人惊叹不已。它无需传统的计算机语言编程，只通过对图标的调用来编辑一些控制程序走向的活动流程图，将文字、图形、声音、动画、视频等各种多媒体项目数据汇在一起，就可达到多媒体软件制作的目的。

任务详解

1. 制作片头程序

（1）启动 Authorware。

（2）新建文件，当出现"新建"文本框时，点击"取消"或"不选"按钮，如图 9-1-1 所示。

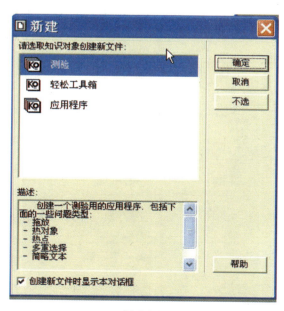

图 9-1-1

（3）在流程线上添加一个群组图标，命名为"开始"，如图 9-1-2 所示。

图 9-1-2

（4）双击打开"开始"图标，在流程线上添加一个计算图标，命名为"初始化"，如图 9-1-3 所示。

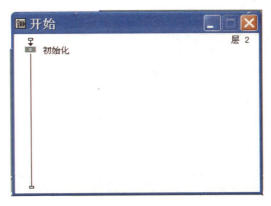

图 9-1-3

（5）双击"初始化"图标，输入"ResizeWindow(480,320)"，关闭窗口，在弹出的对话框中选择"是"按钮，如图 9-1-4 所示。

图 9-1-4

小提示

ResizeWindow(480,320)表示将窗口大小定制为 480 像素×320 像素。这是一句非常常用的命令,大小的设定可以根据实际需要而设置。

(6)在流程线上添加一个声音图标,命名为"背景音乐"。

(7)双击"背景音乐"图标,在"属性:声音图标"面板中,单击"导入"按钮,打开"导入哪个文件?",选择"60n. wav"文件,点选"链接到文件"项,单击"导入"按钮,导入声音,如图 9-1-5 所示。

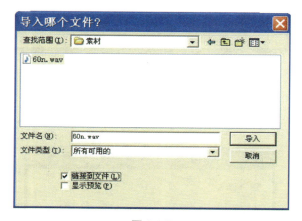

图 9-1-5

(8)在"属性:声音图标"面板中,选择"计时"选项面板,设置"执行方式"为同时,"播放"为直到为真,如图 9-1-6 所示。

图 9-1-6

(9)在流程线上添加一个显示图标,命名为"背景"。

(10)执行"插入/图像"命令,弹出"属性:图像"对话框,点击"导入"按钮,打开"导入哪个文件?"对话框,选择"校园图片.jpg",点击"导入"按钮,再次点击"确定"按钮,作为背景图片,如图 9-1-7 所示。

(11)适当调整图片大小,使其覆盖整个窗口,如图 9-1-8 所示。

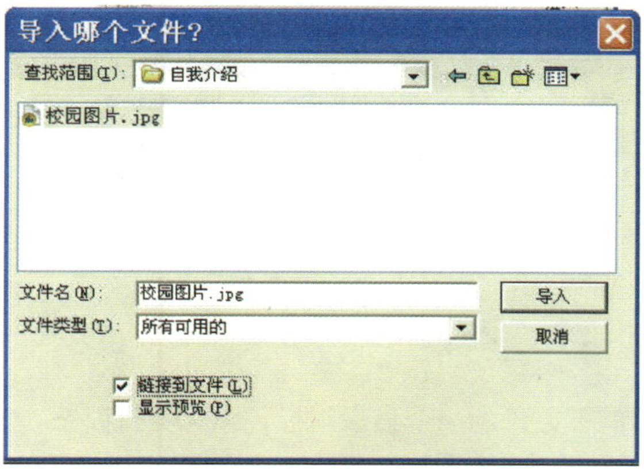

图 9-1-7

图 9-1-8

（12）选择"背景"图标，在"属性：显示图标"面板中，单击"特效"右侧的 ┄┄ 按钮，选择一种特效方式，如图 9-1-9 所示。

图 9-1-9

（13）在"背景"图标的下方添加一个擦除图标，命名为"擦除背景"。

（14）运行程序，当放映到"擦除背景"图标时，软件会自动打开空的擦除图标，此时点击"背景"图片，就会选中图片，设置一种特效效果，如图 9-1-10 所示。

图 9-1-10

（15）在"等待"图标的下方添加一个显示图标，命名为"封面"。

（16）双击"封面"图标，点击"矩形"工具图标，先制作一个矩形，点击涂料桶颜色，选择背景颜色，如图 9-1-11 所示。

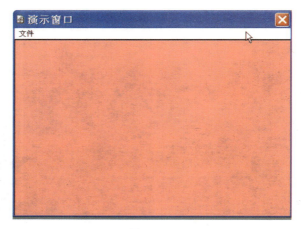

图 9-1-11

（17）点击文本工具，输入文字内容，并设置字体、字号、颜色，如图 9-1-12 所示。

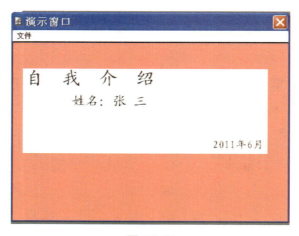

图 9-1-12

（18）选择演示窗口中的文本，在工具箱中选择"模式"选项，选择透明模式，如图 9-1-13
所示。

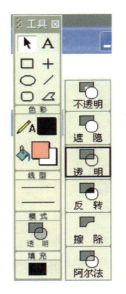

图 9-1-13

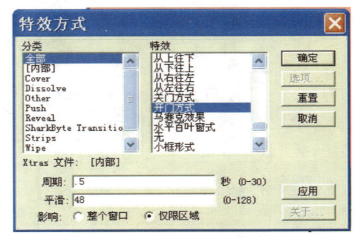

图 9-1-14

（19）在"属性：显示图标"面板中，设置"特效"为开门，设置"平滑值"为 48，如图 9-1-14
所示。

（20）在"封面"图标下方添加一个等待图标，命名为"等待"。

（21）在"属性：等待图标"面板中，设置"时限"为 3 秒，如图 9-1-15 所示。

图 9-1-15

（22）使用以上方法，将"封面"内容删除。

（23）保存文件，命名为"自我介绍"。

2. 制作第一画面

（1）在"开始"图标下添加一个群组图标，命名为"第一画面"。

（2）双击"第一画面"图标，打开流程线。

（3）在流程线上添加一个显示图标，命名为"自我介绍"。

（4）双击打开"自我介绍"显示图标，制作一个矩形为背景，填充颜色为灰色。然后在背景
上插入图片，并输入文字，设置特效效果，如图 9-1-16 所示。

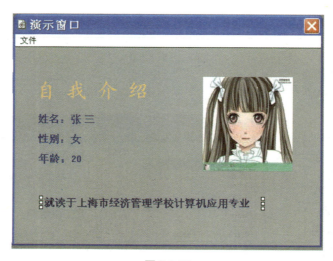

图 9-1-16

（5）在"自我介绍"图标下方添加一个等待图标，命名为"等待"。

（6）在"属性：等待图标"面板中，勾选"单击鼠标"、"按任意键"，时限为 3 秒，如图 9-1-17 所示。

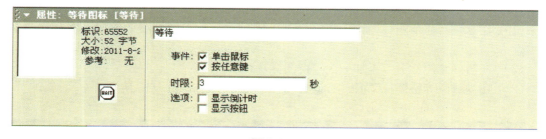

图 9-1-17

（7）添加一个擦除图标，命名为"擦除"。

（8）按住 Shift 键的同时双击"擦除"图标，点击"自我介绍"窗口，擦除"自我介绍"内容，并设置擦除特效为"Dissolve，Pixels"，如图 9-1-18 所示。

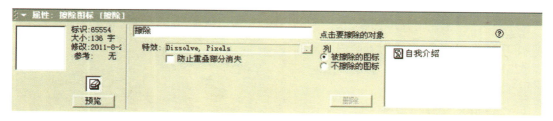

图 9-1-18

（9）在"擦除"图标下方添加一个等待图标，设置单击鼠标和按任意键选项，设置等待时限为 1 秒。

（10）完成后的流程图如图 9-1-19 所示。

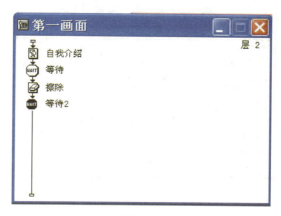

图 9-1-19

（11）保存文件。

3. 制作第二画面

（1）在"第一画面"图标下方添加一个群组图标，命名为"第二画面"。

（2）双击打开"第二画面"图标，添加一个显示图标，命名为"背景"。

（3）双击"背景"图标，插入图片，在相应的位置输入文字并设置文字的字体、字号、颜色等属性，如图 9-1-20 所示。

图 9-1-20

（4）在"背景"图标上点击鼠标右键，在下拉列表中选择特效，在弹出的"特效方式"对话框中选择 other 中的 Random Rows 效果，如图 9-1-21 所示。

（5）在"背景"图标下方添加一个显示图标，命名为"所学专业"。

（6）双击"所学专业"图标，输入相应的文字内容，设置文字的字体、字号、颜色等属性，拖动输入的文字，将其放置在窗口的右侧，如图 9-1-22 所示。

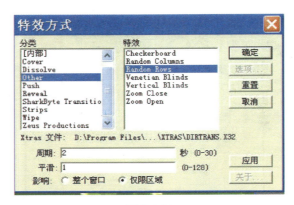

图 9-1-21

图 9-1-22

（7）在"所学专业"图标下方添加一个移动图标，命名为"移动"。

（8）双击"移动"图标，在"属性：移动图标"面板中设置参数，如图 9-1-23 所示。

图 9-1-23

（9）在"移动"图标下方添加一个等待图标，设置等待属性。

（10）在"等待"图标的下方添加一个擦除图标，擦除背景和所学专业图标中的内容，设置特效方式。

（11）完成后的流程图如图 9-1-24 所示。

图 9-1-24

（12）保存文件。

4. 制作第三画面

（1）在"第二画面"图标下方添加一个群组图标，命名为"第三画面"。

（2）双击打开"第三画面"图标，添加一个显示图标，命名为"自我推荐"，双击后，输入"自我推荐"字样，设置字体、字号、颜色等属性。

（3）在"自我推荐"图标下方添加一个显示图标，命名为"内容"，输入自我描述的文字，并设置文字样式，如图 9-1-25 所示。

图 9-1-25

（4）选择"内容"图标中的文字，执行"文本/卷帘文本"，给文本加上滚动条，如图 9-1-26 所示。

（5）使用以上方法，设置等待和擦除效果。

（6）完成后的流程图如图 9-1-27 所示。

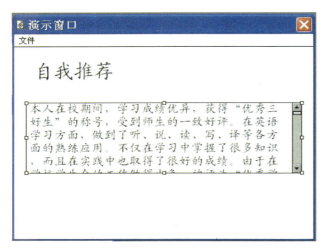

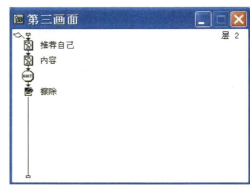

图 9-1-26　　　　　　　　　　　　图 9-1-27

（7）保存文件。

5. 制作退出程序

（1）在"第三画面"图标下方添加一个群组图标，命名为"退出"。

（2）双击"退出"按钮，在流程线上添加一个显示图标，命名为"结束"。

（3）双击"结束"图标，利用矩形工具绘制两个不同填充色的矩形作为背景，利用文字工具输入文字，设置文字的字体、字号、颜色等属性，设置文字模式为透明，如图 9-1-28 所示。

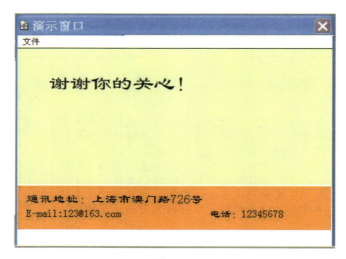

图 9-1-28

（4）在"结束"图标下方添加一个等待图标和擦除图标，设置相关参数。

（5）在擦除图标下方添加一个计算图标，命名为"退出"。

（6）双击"退出"图标，输入"Quit()"（该命令的作用是退出应用程序）。点击"是"按钮，如图 9-1-29 所示。

（7）完成后的流程图如图 9-1-30 所示。

图 9-1-29

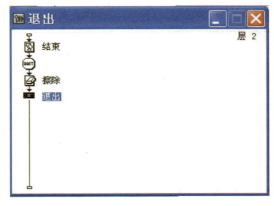

图 9-1-30

（8）保存文件。

实训练习

制作"上海影城"多媒体作品。

要求：

（1）作品中必须包含文字、图片、声音等对象。

（2）作品要有封面、正文和封底。

（3）作品必须包含群组图标、显示图标、移动图标、擦除图标和等待图标。

（4）文字和图片有特效效果。

任务二　杭州美景介绍

任务简介

"上有天堂，下有苏杭"。西子湖畔那迷人的风景，著名的佛教胜地灵隐寺，"白娘子与许仙"的美妙传奇都让人对杭州有着无限的向往和期待。本次任务就是借着杭州之美景，做成一个多媒体作品，以供欣赏。

本次任务主要涉及 Authorware 中一个重要的概念——交互,总共采用了 3 种不同的交互方式。

1. 制作片头程序

(1) 启动 Authorware。

(2) 新建并保存文件,命名为"杭州美景"。

(3) 在流程线上添加一个计算图标,命名为"背景设置"。

(4) 双击计算图标,在面板中输入"ResizeWindow(600,480)",如图 9-2-1 所示。

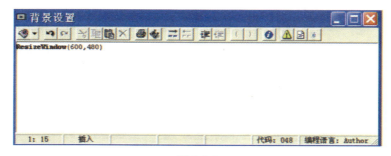

图 9-2-1

(5) 设置背景颜色,在"属性:文件"面板中,设置背景为淡黄色,其他项为默认,如图 9-2-2 所示。

图 9-2-2

(6) 在计算图标下方添加一个显示图标,命名为"背景图"。

(7) 双击显示图标,打开演示窗口,输入"杭州欢迎您!"的字样,设置文字的字体、字号、颜色等属性。插入素材"bj.jpg"图片文件,并在图片下方绘制一个无色矩形,边框颜色设置为黑色,调整对象位置,如图 9-2-3 所示。

(8) 在"背景图"图标下方添加一个显示图标,命名为"文字"。

(9) 双击"文字"图标,在黑色框中输入一段文字,设置文字的字体、字号、颜色等属性。将文字移至最左侧,只能看见一个字,如图 9-2-4 所示。

(10) 在"文字"图标下方添加一个移动图标,命名为"移动"。

(11) 按住 Shift 键的同时,双击"移动"图标,在演示窗口中,点击文字对象,并将其拖动至黑色框中,如图 9-2-5 所示。

图 9-2-3

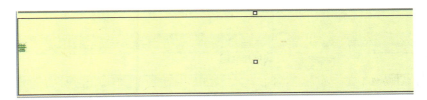

图 9-2-4

图 9-2-5

（12）单击"移动"图标，在"属性：移动图标"面板中，设置"定时"为 3 秒，如图 9-2-6 所示。

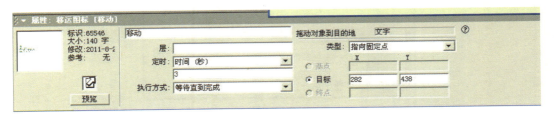

图 9-2-6

（13）在"移动"图标下方添加一个交互图标，命名为"交互"，如图9-2-7所示。

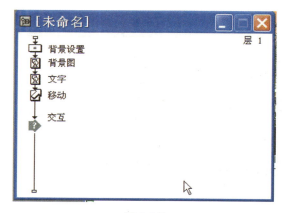

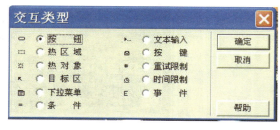

图9-2-7

图9-2-8

（14）在"交互"图标的右侧添加一个群组图标，勾选按钮交互类型，如图9-2-8所示。

（15）单击"确定"按钮，命名为"杭州介绍"。

（16）单击"杭州介绍"图标中按钮，在"属性：交互图标"面板中"按钮"按钮，打开"按钮"对话框，选择第一种按钮形式，如图9-2-9、9-2-10所示。

图9-2-9

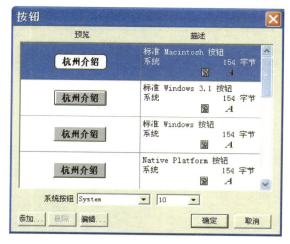

图9-2-10

（17）将鼠标的形式改成手形，如图 9-2-11 所示。

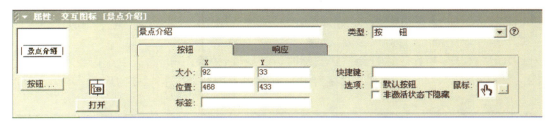

图 9-2-11

（18）重复上述步骤，在"杭州介绍"图标的右侧添加一个群组图标，并重新设定按钮形式和鼠标形式。

（19）运行程序，按住 shift 键的同时，双击两个按钮，适当调整位置，如图 9-2-12 所示。

图 9-2-12

（20）完成后的流程图如图 9-2-13 所示。

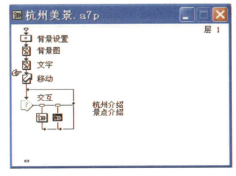

图 9-2-13

（21）保存文件。

2. 制作杭州介绍

（1）双击"杭州介绍"图标，进入"杭州介绍"流程线制作。

（2）添加一个擦除图标，命名为"擦除"。

（3）运行程序，当程序运行到擦除图标时，在"属性：擦除图标"面板中点选演示窗口中"背景图"、"杭州介绍"、"景点介绍"、"文字"内容，擦除以上内容，如图 9-2-14 所示。

图 9-2-14

（4）在"擦除"图标下方添加一个显示图标，命名为"背景"。

（5）双击"背景"图标，在演示窗口中输入"Welcome to Hangzhou"，并在文字下方绘制一个黑色框无填充色的矩形，如图 9-2-15 所示。

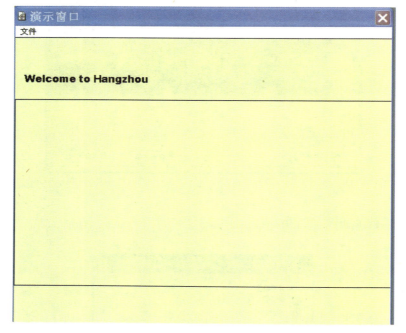

图 9-2-15

（6）将 ☞ 图标定位在"背景"图标的下方。

（7）执行"插入/媒体/Flash Movie"命令，打开"Flash Asset Properties"面板，点击"Browse"按钮，选择素材"pic. swf"文件，其他为默认选项，如图 9-2-16 所示。

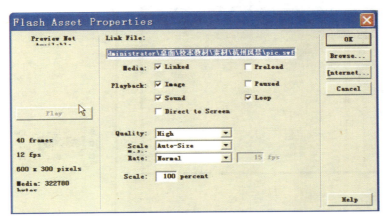

图 9-2-16

　　（8）运行程序，双击 Flash 动画，调整 Flash 的位置，将其放置在矩形框中。

　　（9）在 Flash 图标下方添加一个显示图标，命名为"skip1"。

　　（10）双击"skip1"图标，在演示窗口中矩形下方，使用文字工具输入"[skip]"字样，设置文字样式，调整位置，如图 9-2-17 所示。

图 9-2-17

　　（11）在"skip1"图标下方添加一个交互图标，添加一个群组图标在交互图标的右侧，选择热区域交互形式，命名为"skip2"，如图 9-2-18 所示。

　　（12）双击热区域形式，将窗口中的虚框移至窗口中的[skip]处，如图 9-2-19 所示。

　　（13）双击"skip2"图标，打开流程线。

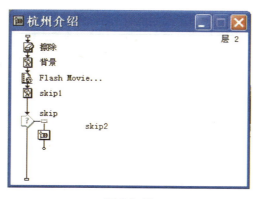

图 9-2-18 图 9-2-19

（14）在流程线上添加一个擦除图标，命名为"c"。删除"Flash Movie"、"skip1"、"杭州介绍"、"景点介绍"的内容，如图 9-2-20 所示。

图 9-2-20

（15）在擦除图标下方添加一个显示图标，命名为"文字"。

（16）双击"文字"图标，输入介绍杭州的相关文字，设置文字字样，并调整位置，如图 9-2-21 所示。

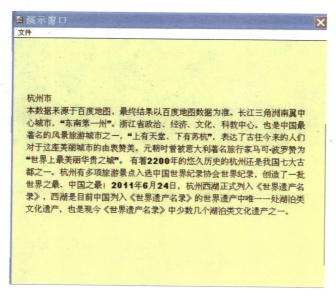

图 9-2-21

（17）在"文字"图标下方添加一个交互图标，命名为"退出"。

（18）添加一个计算图标在交互图标的右侧，选择按钮交互形式，并设置按钮式样，命名为"quit"。

（19）双击计算图标，输入"GoTo(IconID@"背景图")"。

（20）完成后的流程图如图 9-2-22 所示。

（21）保存文件。

3. 制作景点介绍

（1）双击"景点介绍"图标，打开流程线。

（2）在流程线上添加一个擦除图标，命名为"c"。擦除窗口中的"背景图"、"杭州介绍"、"景点介绍"、"文字"内容。

（3）在擦除图标下方添加一个显示图标，命名为"景点"。

（4）双击"景点"图标，设计背景，如图 9-2-23 所示。

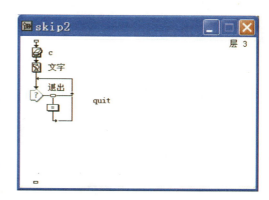

图 9-2-22

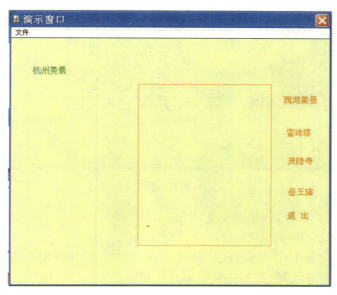

图 9-2-23

（5）在"景点"图标的下方添加一个交互图标，在图标的右侧添加 5 个群组图标，交互形式选择热区域，并命名为"西湖美景"、"雷峰塔"、"灵隐寺"、"岳王庙"、"退出"，如图 9-2-24 所示。

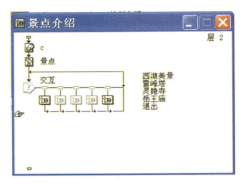

图 9-2-24

（6）双击"西湖美景"图标，打开流程线。

（7）在流程线上添加一个显示图标，命名为"图片"，在窗口中插入西湖图片和文字，如图 9-2-25 所示。

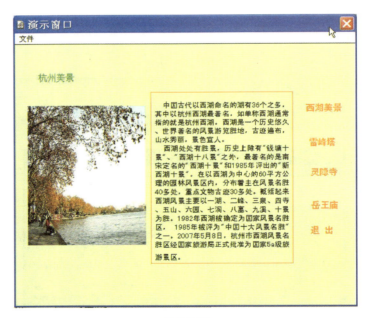

图 9-2-25

（8）双击"雷峰塔"图标，打开流程线。

（9）在流程线上添加一个电影图标，命名为"视频"。

（10）在"属性：电影图标"的面板中，点击"导入"按钮，在"导入哪个文件？"对话框中，选择"hangzhou. avi"，点击导入，如图 9-2-26 所示。

（11）运行程序，当运行至视频播放时执行"调试/暂停"命令，调整大小和位置，如图 9-2-27 所示。

图 9-2-26　　　　　　　　　　　　　　　　　图 9-2-27

（12）在"属性：电影图标"面板中，设置视频的属性，在"选项"中勾选"同时播放声音"和"使用电影调色板"，如图 9-2-28 所示。

图 9-2-28

（13）重复上述步骤，为其他景点添加图片、文字或视频，并根据需要设置相关属性。

（14）双击"退出"图标，打开流程线。

（15）在流程线上添加一个计算图标，输入"GoTo(IconID@"背景图")"，当点击退出时直接返回第一画面。

（16）保存文件。

实训练习

制作"电子读物"多媒体作品。

要求：

（1）设计和制作作品的封面、正文、封底。

（2）可以做到人机交互。

（3）有声音、视频、动画效果。

（4）超链接的实现。

任务三　世博会展馆介绍

任务简介

2010年，举世瞩目的世界博览会在上海召开，在这次博览会上有两百多个国家展示各自的特色，其中许多展馆让人耳目一新。我们将世博会中的一些特色展馆制作成电子相册的形式供大家观看和欣赏。

任务准备

本次任务是采用电子相册的制作方法和技巧。在这个电子相册中一共设计了4个展馆的照片，当浏览照片时，只要单击窗口中的"前页"或"后页"按钮，就可以翻看不同的照片。

任务详解

1. 制作一级流程线

（1）执行"文件/新建/文件"命令，建立一个新文件。

（2）执行"文件/保存"命令，命名为"世博会展馆"。

（3）执行"修改/文件/属性"命令，打开"属性：文件"面板，如图9-3-1所示。

图 9-3-1

（4）将大小设置为根据变量，选项中勾选"显示标题栏"。

（5）在流程线上添加一个计算图标，将其命名为"重设窗口"，输入"resizewindow（640，480）"，如图9-3-2所示。

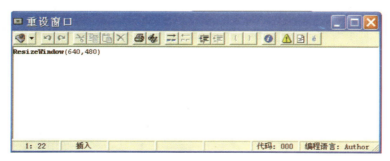

图 9-3-2

（6）关闭计算窗口。

（7）在流程线上添加一个声音图标，命名为"背景声音"。

（8）双击该图标，打开"属性：声音图标"对话框，设置执行方式为永久，播放为播放次数 1 次，速率为 100％正常，开始为～soundplaying，如图 9-3-3 所示。

图 9-3-3

小提示

　　设置永久即让声音永久有效，在开始文本框中输入～soundplaying。系统变量 soundplaying 是一个逻辑变量，当系统中有声音播放时其值为"真"，否则为"假"，"～" 是一个逻辑非运算符，用于对逻辑变量的值进行取反操作。

（9）单击"导入"按钮，在弹出的"导入哪个文件？"对话框中选择声音文件。选择链接到文件，单击导入按钮，如图 9-3-4 所示。

（10）在声音图标下方添加一个框架图标，命名为"展馆介绍"。

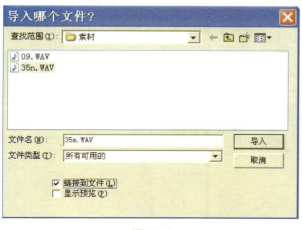

图 9-3-4

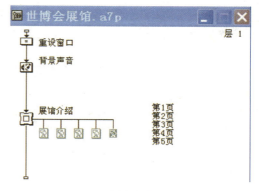

图 9-3-5

（11）在"展馆介绍"图标的右侧添加五个显示图标，构成分支，分别命名为"第 1 页"、"第 2 页"、"第 3 页"、"第 4 页"、"第 5 页"，如图 9-3-5 所示。

（12）执行"文件/保存"命令，保存文件。

2. 修改框架结构流程线

（1）双击流程线上的"展馆介绍"框架图标，打开框架结构流程线窗口，如图 9-3-6 所示。

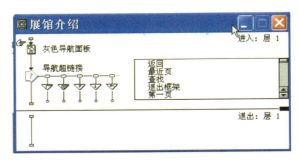

图 9-3-6

（2）选择框架结构流程线窗口中的所有内容，删除所有图标，单击"全选右侧的图标"按钮，如图 9-3-7 所示。

图 9-3-7

（3）在框架流程线上添加一个显示图标，将其命名为"背景"。

（4）双击"背景"图标，打开演示窗口。

（5）执行"文件/导入和导出/导入媒体"命令，打开"导入哪个文件？"对话框，选择"bj.psd"图片文件作为背景图片，适当调整位置，如图 9-3-8、9-3-9 所示。

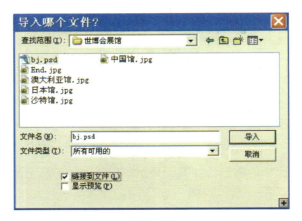

图 9-3-8

图 9-3-9

（6）执行"插入/媒体/Animated GIF"命令，弹出"Animated GIF Asset Properties"对话框。

（7）单击"Browse"按钮，在弹出的"Open animated GIF file"对话框中选择"tians.gif"文件，如图 9-3-10 所示。

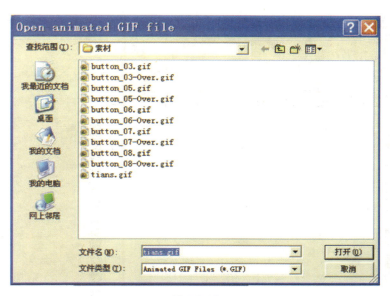

图 9-3-10

（8）单击"打开"按钮，在"Animated GIF Asset Properties"对话框中勾选 Media 中的 Linked，单击"OK"按钮，如图 9-3-11 所示。

（9）双击 Gif 动画图标，在"属性:功能图标"的"显示"选项面板中，设置层为 2，模式为透明，如图 9-3-12 所示。

图 9-3-11

图 9-3-12

（10）运行程序，看到 GIF 动画，如图 9-3-13 所示。

图 9-3-13

小提示

　　Authorware 中所有的显示内容（AVI 动画除外）都处于第 0 层上，在不改变程序顺序的前提下，通过设置"层"属性可改变对象的叠加次序。其中，层的值越大，显示对象就处于越高的层次。

　　（11）在 Gif 动画图标的下方添加一个交互图标，命名为"控制"，如图 9-3-14 所示。

图 9-3-14

　　（12）在"控制"图标的右侧添加一个导航图标，在弹出的"交互类型"对话框中选择"按钮"单选按钮，如图 9-3-15 所示。

图 9-3-15

　　（13）单击"确定"按钮，将导航图标命名为"首页"。

　　（14）重复上述的步骤，在"首页"图标的右侧再添加四个导航图标，分别命名为"前页"、"后页"、"末页"和"退出"，此时的框架流程线如图 9-3-16 所示。

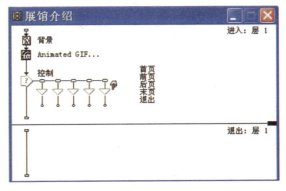

图 9-3-16

（15）单击运行按钮，演示窗口如图 9-3-17 所示。

（16）保存文件。

图 9-3-17

3. 自定义按钮

（1）选择"首页"图标，在"属性：交互图标"对话框中，单击"按钮"按钮，弹出"按钮"对话框，如图 9-3-18 所示。

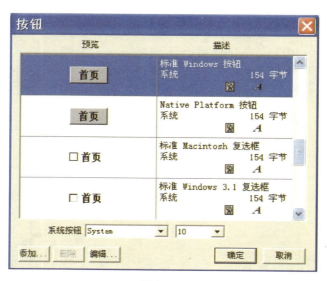

图 9-3-18

（2）单击"添加"按钮，弹出"按钮编辑"对话框，如图 9-3-19 所示。

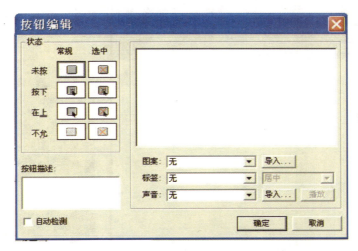

图 9-3-19

（3）选择"常规"列中的"未按"按钮，单击"图案"右侧的"导入"按钮，导入"button_03. gif"图片文件，如图 9-3-20 所示。

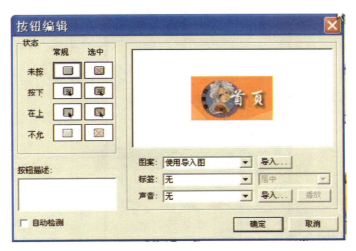

图 9-3-20

（4）使用同样的方法，在"按下"和"在上"中，分别导入"button_03 – over. gif"图片文件。

（5）单击"确定"按钮。

（6）退回到上一级对话框，再次单击"确定"按钮。

（7）重复上述步骤，分别制作"前页"、"后页"、"末页"和"退出"的按钮。

（8）在演示窗口中调整位置，如图 9-3-21 所示。

（9）依次双击各图标的响应类型标记。

（10）单击"鼠标"右侧的 ▦ 按钮，在弹出"鼠标"对话框中选择手形光标，如图 9-3-22 所示。

图 9-3-21

图 9-3-22

（11）选择"首页"导航图标，打开"属性：导航图标"面板。

（12）设置各项参数，目的地为附近，页选择第一页，如图 9-3-23 所示。

（13）重复上述的步骤，分别设置其他图标的响应选项。得到框架流程线如图 9-3-24 所示。

图 9-3-23

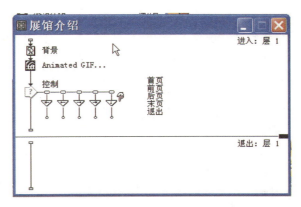

图 9-3-24

（14）保存文件。

4. 添加照片

（1）在一级设计窗口中，双击框架图标右侧的"第 1 页"图标，打开演示窗口。

（2）执行"插入/图像"命令，导入"中国馆.jpg"图片文件，将"模式"设置为透明，如图 9-3-25 所示。

（3）适当调整图片的位置，使其在方框中，如图 9-3-26 所示。

（4）按住 Ctrl 键的同时双击"第 1 页"图标，在"属性：显示图标"面板中选择"特效"右侧的 ... 按钮，在弹出的"特效方式"对话框中，选择"分类"列中的"Wipe"，在"特效"列中选择"Center Out, Square"效果，其他为默认项，如图 9-3-27 所示。

图 9-3-25

图 9-3-26

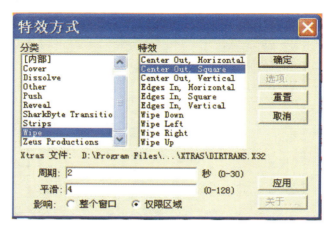

图 9-3-27

（5）单击"确定"按钮，完成效果设置。

（6）重复上述步骤，分别向"第2页"至"第5页"导入不同的图片，适当调整它们的位置，然后分别设置它们的特效效果。

（7）保存文件。

5. 制作退出程序

（1）在框架结构流程线窗口中，在下方的退出流程线上添加一个计算图标，命名为"擦除"，如图 9-3-28 所示。

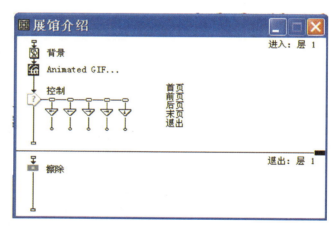

图 9-3-28

（2）双击"擦除"图标，在打开的计算窗口中输入"EraseAll()"语句，关闭窗口。

（3）在"擦除"图标的下方添加一个显示图标，命名为"退出界面"。

（4）双击"退出界面"图标，在打开的演示窗口中导入"End.jpg"图片文件，如图 9-3-29 所示。

（5）在"退出界面"图标的下方添加一个等待图标，命名为"等待"。

（6）双击"等待"图标，在"属性：等待图标"面板中的"事件"中，勾选"单击鼠标"，"时限"为5秒，如图 9-3-30 所示。

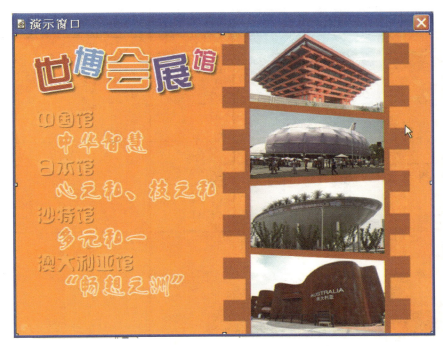

图 9-3-29

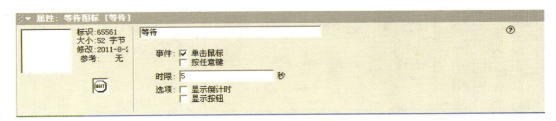

图 9-3-30

（7）在"等待"图标的下方添加一个擦除图标，命名为"效果"。

（8）双击"效果"图标，在"属性：擦除图标"面板中点选"被擦除的图标"，并选择"退出界面"内容，设置特效，如图 9-3-31 所示。

图 9-3-31

（9）在"效果"图标的下方添加一个计算图标，命名为"退出"。

（10）双击"退出"图标，在打开的计算窗口中输入"Quit（）"后关闭窗口。

（11）最后的程序流程线如图 9-3-32、9-3-33 所示。

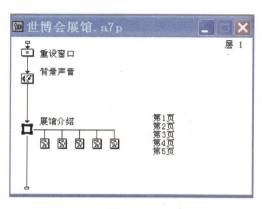

图 9-3-32

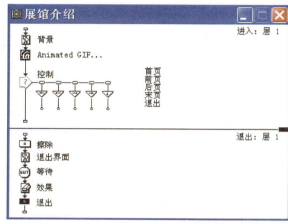

图 9-3-33

（12）保存文件。

实训练习

制作"班级同学相册"多媒体作品。

要求：

（1）自行收集和采集素材。

（2）设计封面、正文、封底。

（3）使用框架图标、交互图标、导航图标。

（4）有"人机交互"功能。

（5）有声音效果。

（6）图片和文字有特效效果。

任务四 程序打包和发布

任务简介

开发多媒体的最终目的，就是让更多的使用者使用它，这就需要将可编辑的源文件变成可以在一些系统下运行并且不可重新设计和应用多媒体，从源文件到应用程序的过程称作打包发布，本次任务即完成以上多媒体的打包和发布。

任务准备

在我们制作多媒体作品时，往往会出现作品打包后不能正常运行的情况。其实一个完整的多媒体作品不仅要包含主程序，还必须将主程序所需的外部文件一起发布，如：Xtras 插件、库文件、动态链接库 DLL 等，这些外部文件在主程序打包时是不被打包的。

Authorware 有一项"一键发布"的功能,可以自动查找所需的外部文件,不再需要我们人工的添加,不同的多媒体程序在打包时所需的文件都是不一样的。

任务详解

1. 文件打包

（1）启动任一多媒体作品。

（2）执行"文件/发布/打包"命令,在弹出"打包文件"对话框中,选择"应用平台 Windows XP,NT 和 98 不同"选项,并勾选"运行时重组无效的连接"、"打包时包含内部内部库"和"打包时包含外部之媒体"三个复选框,如图 9-4-1 所示。

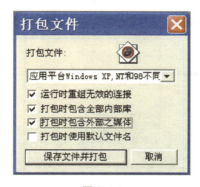

图 9-4-1

（3）单击"打包文件"对话框中的"保存文件并打包"按钮,弹出"打包文件为"对话框,选择文件保存的位置,命名为"杭州美景. exe",如图 9-4-2 所示。

图 9-4-2

（4）点击"保存"按钮，弹出"打包进程"对话框。

（5）执行"命令/查找"命令，弹出"Find Xtras"对话框，单击"查找"按钮，Authorware 会自动检测本多媒体中所使用的 Xtras 文件，并将结果显示在该窗口中，如图 9-4-3 所示。

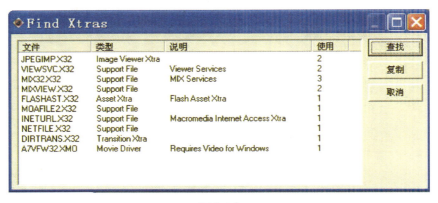

图 9-4-3

（6）在"Find Xtras"对话框中单击"复制"按钮，弹出"浏览文件"对话框，选择前面保存打包文件的地址，单击"确定"按钮，将 Xtras 文件复制到打包好的文件夹中，如图 9-4-4 所示。

图 9-4-4

（7）找到 Authorware 的源程序中选择"JS32.dll"文件，将其复制到打包文件的地址中，如图 9-4-5 所示。

图 9-4-5

小提示

js32.dll 是重要文件，缺少将无法运行。

（8）将该多媒体所用到的视频、Flash 动画、声音文件复制到同一文件夹中，如图 9-4-6 所示。

图 9-4-6

（9）双击打开"杭州美景.exe"，运行打包后的多媒体文件。

2. 程序发布

（1）启动任一多媒体文件。

（2）执行"文件/发布/发布设置"命令，弹出"一键发布"对话框，点选"集成为支持 Windows 98，ME，NT，2000，或 XP 的 Runtime"选项，如图 9-4-7 所示。

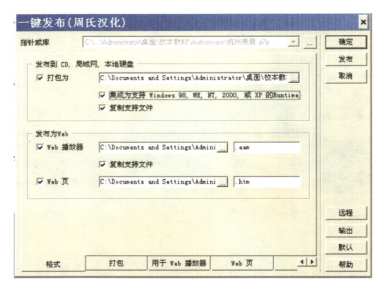

图 9-4-7

（3）单击"发布"按钮，弹出"信息"对话框，提示已完成，单击"确定"按钮，完成发布，如图9-4-8所示。

图 9-4-8

（4）关闭多媒体文件。

（5）在保存的文件夹中出现一个名称为"published Files"的文件夹，双击该文件夹中的"Local"文件夹，出现所有打包成的文件，如图9-4-9所示。

图 9-4-9

（6）双击"Web"文件夹，文件中存放的是 Web 网页使用的媒体资源，如图 9-4-10 所示。

图 9-4-10

实训练习

将其他多媒体作品打包和发布，使得多媒体作品脱离软件正常运行。

图书在版编目(CIP)数据

多媒体设计与制作/郑燕琦主编.—上海:华东师范大
学出版社,2013,12
ISBN 978-7-5675-1563-5

Ⅰ.①多... Ⅱ.①郑... Ⅲ.①多媒体技术-中等
专业学校-教材 Ⅳ.①TP37

中国版本图书馆 CIP 数据核字(2013)第 321265 号

多媒体设计与制作

职业教育计算机应用教学用书

主　　编　郑燕琦
责任编辑　蒋梦婷
装帧设计　徐颖超

出　　版　华东师范大学出版社
社　　址　上海市中山北路 3663 号
　　　　　邮编 200062

营销策划　上海龙智文化咨询有限公司
电　　话　021-51698271　51698272
传　　真　021-51621757

印 刷 者　宜兴德胜印刷有限公司
开　　本　787×1092　16 开
印　　张　12
字　　数　238 千字
版　　次　2014 年 8 月第 1 版
印　　次　2014 年 8 月第 1 次
书　　号　ISBN　978-7-5675-1563-5/G·7088
定　　价　45.00 元

出 版 人　王 焰

(如发现本版图书有印订质量问题,请与华东师范大学出版社中等职业教育分社联系
电话:021-51698271　51698272)